陈万辉 编著

你的努力，
终将照亮你未来的路

你是我生命中那扇窗，让我看到了希望的曙光

再阔的海都可以跨越，
努力的奔跑，
天空的那一边就不再遥远！

煤炭工业出版社
·北京·

图书在版编目（CIP）数据

你的努力，终将照亮你未来的路／陈万辉编著．－－北京：煤炭工业出版社，2018（2022.1 重印）
ISBN 978－7－5020－6468－6

Ⅰ．①你… Ⅱ．①陈… Ⅲ．①成功心理—通俗读物 Ⅳ．①B848.4－49

中国版本图书馆 CIP 数据核字（2018）第 015231 号

你的努力　终将照亮你未来的路

编　　著	陈万辉
责任编辑	马明仁
编　　辑	郭浩亮
封面设计	浩　天
出版发行	煤炭工业出版社（北京市朝阳区芍药居 35 号　100029）
电　　话	010－84657898（总编室）
	010－64018321（发行部）　010－84657880（读者服务部）
电子信箱	cciph612@126.com
网　　址	www.cciph.com.cn
印　　刷	三河市众誉天成印务有限公司
经　　销	全国新华书店
开　　本	880mm×1230mm $^1/_{32}$　印张　8　字数　150 千字
版　　次	2018 年 1 月第 1 版　2022 年 1 月第 4 次印刷
社内编号	9348　　　　　定价　38.80 元

版权所有　违者必究

本书如有缺页、倒页、脱页等质量问题，本社负责调换，电话：010－84657880

前 言

生活中，为什么有的人能够快乐地生活，有的人能够很快地走向成功，这主要取决于他们不仅拥有良好的人际关系、健康的身体，更重要的是他们有自己的梦想。

心理学家说得非常正确："当一个人真的渴望去做一件事情时，这件事情自会出现。"我们每个人都如同小鹰一般，曾拥有过翱翔天际、悠游自在的美妙梦想。有趣的是，这些伟大的梦想，往往也就在周围亲友的一句句"别傻了""不可能"声中逐渐萎缩，甚至破灭。就算侥幸遇上一位懂得欣赏我们的驯兽师，硬将我们带到更高的领域，往往我们也会像小鹰回头望见地上争食的鸡群一般，再次飞回地上，加入往日那个不敢梦想的群体里。

成功的过程就是从依赖到独立,然后再到互赖的过程!只有这样,我们才会把眼光放得高一些,好让成果突破我们过去的表现,超越我们的竞争者。之后,我们再做尝试,鞭策自己不断向更高的境界努力。想要达到你的目标,满足你的渴望,实现你的梦想,就一定要付诸行动。只有努力去做,才能让你精益求精。偶尔的失败,是必须的过程。

所以说,梦想是打开神奇之门的钥匙,可以拓宽你的视野,让你看见新的机会。抱负大一点儿让生活更容易也更有趣,它也可能让你得到更大的收获。

要想获得这个世界上的最大奖赏,你必须拥有过去最伟大的开拓者所拥有的把梦想转化为全部有价值的献身精神,以此来发展和展示自己的才能。

目 录

|第一章|
希望在未来

希望 / 3

带上希望起程 / 9

希望与绝望的较量 / 14

屡败屡战，在挫折中奋起 / 24

以自己的方式活着 / 29

信念左右结果 / 37

|第二章|

为梦想，去努力

梦想 / 47

勇敢地去梦想 / 52

和梦想一起飞 / 57

去实现梦想 / 62

目 录

|第三章|

让努力，照亮你未来的路

有梦想就有辉煌 / 71

目光放远一些 / 76

明白自己要做什么 / 83

不轻言放弃 / 88

做生命中的第一 / 93

吃得起苦，才能成功 / 98

给自己树立一面旗帜 / 104

|第四章|

不放弃的毅力

给自己搞个试点 / 113

做最好的自己 / 122

辛勤耕耘，必有收获 / 128

不惧怕困难 / 136

毅力可以克服阻碍 / 143

在逆境中求生存 / 150

再试一次 / 156

正确面对失败 / 160

成功就是简单事情重复做 / 163

成功需要超越自我 / 171

目　录

|第五章|

明确你的目标

目标 / 179

人生不能没有进取心 / 184

明确的目标规划 / 191

自己想要干什么 / 199

|第六章|

自信，让你走得更快

稍微走快一点 / 207

从不可能到可能 / 214

想做就大胆地去做 / 219

相信自己行就一定行 / 224

以自信对待自己 / 228

可怕的内心力量 / 234

生活不能没有你 / 240

第一章

希望在未来

第一章　希望在未来

希望

世上没有绝望的处境，只有对处境绝望的人。

从前，有个流浪艺人，虽然才四十几岁，但是骨瘦如柴，形容枯槁，医生诊断结果是肝癌晚期。临终前，他把年仅16岁的独子找来，叮嘱道："你要好好读书，不要像我一样，年轻力壮的时候不奋发图强，到了老年，悲伤也没用了。我年轻时好勇斗狠，日夜颠倒，烟酒都来，正值壮年就得了绝症。你要谨记在心，不要再走我的老路。我没读什么书，没什么大道理可以教你，但你要记住《长乐府诗集·长歌行》这首诗：'百川东到海，何时复西归。少壮不努力，老大徒伤悲'。"

说完，他咽下最后一口气，16岁的儿子却仍然两眼发呆地站立一旁。

　　长大后,他儿子仍然在酒家、赌场闹事,有一次与客人起冲突,因出手过重而闹出人命,被捕坐牢。出狱后,人事全非,发觉不能再走老路,但是却无一技之长,无法找个正当的工作,只好回到乡下,靠做一些杂工维持生活。

　　由于他年轻时无法体会父亲交代的遗言,耽误终身大事,年近半百才成婚。虽然年事渐长,逐渐能体会到父亲临终前交代的话,但似乎为时已晚。他的体力一天不如一天,一年不如一年,面对着无法撑持起来的家,心里有着无限的忏悔与悲伤。

　　有个夜晚,他喝了点儿酒,带着酒意,把16岁的儿子叫到跟前。他先是一愕,这不就是当年16岁的我啊!父亲临终前交代遗言的景象在脑海中显现,他有些自责地喃喃自语:

　　"我怎么没把那句话听进去啊。"

　　说着,眼泪直滴脸颊,儿子站在面前,懂事地安慰着:"爸爸,您喝醉了,早点儿休息吧!"

　　"我没有醉,我要把你爷爷交代我的话告诉你,你要牢牢记住。"

第一章　希望在未来

"爸爸！什么话这么慎重呀！"

"当年你爷爷临终时让我记住一首诗：'百川东到海，何时复西归。少壮不努力，老大徒伤悲'。可是我当时没有听进去，也没有明白其中所指的含义。结果我用一生的代价才明白了这首诗的道理，但为时已晚。"

人生就是这样，只有我们对自己充满希望，才能成为自己生命的主人。只有我们把绝望变成希望，才能使自己成为自己梦想的人，得到生活中想要的东西。这就像一位成功人士所说：假如你认为自己不敢去做，你就真的不敢去做；假如你认为自己不可能赢，即使还有希望，你也不可能赢；假如你认为自己是杰出的，你就真的会杰出。想象渺小，你就会落后；想象辉煌，你就会变得伟大。你相信你自己是怎样的人，你便能成为怎样的人。

美国著名科学家马尔比巴布科克说："最常见同时也是代价最高昂的一个错误，就是认为成功有赖于某种天才、某种魔力、某种我们不具备的东西。"

几天前，当我在上海参加一个包括一百多名成功人士的宴会时，我们各自聊起了自己的生活经历，在这次谈话之中，大家谈的较多的问题就是：他们为什么取得了成功。后来，经过总结，他们都说，为什么大多数的人都还没有成功，一个最基本的因素就是不利的遗传基因使其得不到发展。他们在这里所提到的遗传基因除了父母的因素外，我想更多的还是指所生存的环境，后天所受的教育和发展的机会等。为什么这么说呢？因为，其中一位成功人士就说："如果李泽楷不是李嘉诚的儿子，而是出生在一个教育落后的山区里，他能成功吗？"

这个问题让我们大家都思索了很久，最后，又有一个成功人士应和着说："的确如此，只要我们永远充满希望，我们就不会受绝望所影响。看看我们吧，我们作为生活方方面面中的成功人士，其最重要的品质之一就是我们自己知道要成为一个什么样的人，我们知道自己要走向哪里？我们为什么能够有这样的思路呢？因为从出生的那一天起，我们的父母就在给我们灌输着各种成功的理念，就在教我们要做一个什么样的人。看看那些贫穷和麻木不仁的家庭吧，他们的子女同样是贫穷和麻木的，他们所受的教育很少，以至于他们不知道人的目标是什么，更不用说价值观和理想，等等。同样的，我们看看那些受

第一章　希望在未来

过教育的人吧，大部分人都有着希望、有着理想，他们的价值观和理想也不是模糊不清的，他们不为人生徘徊，结果是他们的能力和机遇与常人就不同，无论他们在何处奋斗，他们的成就都是令人瞩目的。"

只要不再有绝望，我们就会相信自己行，于是，我们就真的做到了；只要我们相信自己一定会成功，我们就一定能成功。著名传记作家莫洛亚写道："我研究过很多在事业上获得成功的人的传记资料，发现了一个现象，就是不管他们的出身如何，他们都有着一个共同点，永远不相信命运，永远不向命运低头。在对命运的控制上，他们的力量比命运控制他们的力量更强大，使得命运之神不得不向他们低头！"

一位成功人士说过这样的一句话：如果你想要成功，你就必须和成功人士在一起；如果你要快乐，你就必须和快乐的人在一起。一个人要想走向成功，只有踏踏实实地做事，老老实实地做人，就一定会走向成功的。但是，在我们的生活中，大多数人却没有这样做，他们总是得过且过，做一天和尚撞一天钟，结果浪费了大好时光。事实上，如果我们能够从今天起专注地去做好一件事，我们就会走向成功，只要我们能够明白一个按照自我愿望行动的人，可以胜过一个处处受束缚的天才，那么我们就能感觉到我们现在无论是年轻还是年老，贫穷还是富有，我们都能保证自己一生都在追求成长，让生命中的每一天都过得快乐、富有和进取，我们就会愿意去迎接挑战并与他人分享。只要我们具备了这种踏实做人的态度，我们就一定会成功。

第一章 希望在未来

带上希望起程

一个人最大的破产是绝望,最大的资产是希望。

在19世纪的时候,曾经有一本小说描写过这样一个场景:在威尔士某个小镇,每年一到圣诞夜,镇上所有的居民便会聚集到教堂祷告。这项传统已经沿袭了近500年。午夜到来前,他们会点起蜡烛,唱着圣歌和赞美诗,然后沿着一条乡间小径,走到几里外的一栋破旧小石屋里。他们在屋里摆起马槽,模仿当年耶稣诞生的情景,接着众人怀着虔诚的心情,跪下祈祷。他们和谐的歌声温暖了12月凛冽的寒风,只要是能走路的人,都不会错过这场神圣的典礼。

镇上的居民都相信,只要他们在圣诞满怀信心地祈祷,在午夜来临的那一刻，耶稣基督会在他们眼前复活。500年来，一代又一代的居民每年都要到这小石屋里祈祷，但每一年他们都失望而归。

书中的主角被问道："你真的相信耶稣基督会再次在我们镇上现身吗？"他摇了摇头说："我不相信。"

"那你何必每年都去小石屋呢？"

"呵，"他笑着回答，"万一耶稣真的复活，而我没亲眼看见，那我不是会遗憾终身？"

也许你同这个主角一样信心不那么坚定，但他毕竟仍抱着一线希望，正如新约圣经上所说的，只要我们心中有像芥菜种般微小的信心，就有机会敲开天国之门。

人生不能无希望，所有的人都应该生活在希望之中。整日生活在绝望之中的人，他注定只能是失败者。身处逆境的人，只要不失去希望，就能打开一条活路。

无论干什么，只要你心怀着希望，就会走向成功。即使是我们失败了，也要鼓励自己坚持下去，因为每一次的失败都会增加下一次成功的机会。这一次的拒绝很可能就是下一次的赞

第一章 希望在未来

同,这一次皱起的眉头很可能就是下一次舒展的笑容。今天的不幸,往往预示着明天的好运。只要我们心存希望,我们就不怕别人的打击。我们要深知,即便我们失败多次,但只要心怀着永不放弃的精神,我们就能成功。因为成功者与失败者的区别就在于成功者永远心存希望。

亚历山大大帝在远征波斯之前,将所有的财产分给了臣下。

大臣之一的皮尔加斯非常惊奇地问道:"那么,陛下带什么起程呢?"

亚历山大回答道:"我只带一种财宝,那就是希望。"

听到这一回答,皮尔加斯说:"那么请让我们也来分享它吧。"于是,他谢绝了分配给他的财产。

所以,希望是力量的表现。只要我们心存希望,我们就会为了自己的梦想去努力。也许在你谈到自己的希望时,有人会认为你是在开玩笑,也许还会打击你说:"看你这个狂妄自大的样子,你要学的还多呢!"甚至他们还会在背后议论你,"这家伙总是异想天开,总是白日做梦!"

假如你以同样郑重的态度对公司的领导重复那句话,他会有什么反应呢?我相信他绝对不会笑话你,他会专注地望着你,心里嘀咕:"真像我年轻的时候,这个小伙子肯定会前途无量！"

　　这说明了什么，其实我就是想告诉你，那些已经取得成功的人是不会嘲笑你的梦想的，他们甚至还会鼓励你、支持你。这样我们就会在命运不济时改变自己的整个生活，使生活变成自己喜欢的样子；使一种原本充满悲伤的生活可以变得充满快乐，使挫败转化为成功，羞怯转化为信心；使我们原本充满灰暗的生活变得妙趣横生和令人愉快！

　　所以，只要我们拥有了希望，就要让自己行动起来！每个人都渴望成功，当然我们自己也不例外，没有任何人不想去做一个最好的自己。为什么这么说呢？我保证你将成为一个比你到目前为止所展示的更好、更有能力的人。你之所以还没成为你所想象的那种人，唯一的原因是你没有这个勇气。一旦你敢于去做，一旦你停止随波逐流，进入真正的生活，你的生命必将会展现出一种新景象。新的动力会在你的心中形成，新的能量会尽全力为你服务。

　　在这个世界上，希望这种东西任何人都可以免费获得，所以成功者最初都是从一个小小的希望开始的。希望就是成功的源泉，希望能够左右一个人一生的成败。无论我们面对什么样的生活，都不要压抑自己的希望。只要我们拥有希望，就能将

第一章　希望在未来

逆境变为顺境。哪怕条件再恶劣也能获得良好的结果，那是因为我们的思想中有着屹立不摇的信念，那就是能够将希望变为现实。

希望与绝望的较量

> 动力往往缘于两种原因：希望，或者是绝望。

2500多年前一个春天的夜里。

一个对尘世彻底绝望的太子，在其"出家修道，志求涅槃"的心愿遭到父王的拒绝后，悄悄地告别熟睡的妻儿，带着那个叫车匿的仆人，偷偷地走出寝宫，准备出家。车匿是同太子同日所生的家仆，经常服侍太子。对太子的决定他从不违逆。于是，他只好牵着太子的那匹白马，护引着太子出城。

太子出城后，直奔一个叫罗摩村的地方。至日出时，他们来到了一个美丽的地方，这里有繁茂的树林和潺潺的流水，百鸟啾唧，展翅飞翔，恰如仙境一般。这时，二人已人困马乏，

第一章　希望在未来

便停下来歇息。太子见车匿疲惫不堪，便对他说："你不是这样趋炎附势的人，不管我处境如何，总是跟着我走。现在你可以带着这匹白马回到王宫去了。"说着，太子就从头髻上解下无价的珠宝交给车匿，让他把这些珍贵之物转交给父王。太子见车匿有些依依不舍，遂说道："车匿，一切众生，有生有老，悉有别离。"

车匿听太子说完，不由得跪倒在地，双手抱着太子的两腿，失声痛哭。太子赶忙把他搀扶起来。据说那匹白马很通人性，它也前膝跪地，舌舐太子的两脚，泪水簌簌地流下。太子见此情景，一边抚摸着马头，一边说："待我证得无上正觉后，当来度你。"太子还让车匿向家里人转告，待他得道成佛后，当回去看望亲人。然后，太子拿过车匿手中的宝刀，毅然地割掉头上螺髻之发，抛向空中。

太子与车匿话别之后，独自一人前往仙人的住处。车匿牵着白马回到宫中，向国王以及家人禀报了这场风波的经过。国王虽为太子的出走而悲痛欲绝，但他深知依太子的个性，他迟早是要离家出走的，因而也就没有过分责难车匿，只好顺其自然了。

这一年，这位太子只有29岁。

他就是佛教的创始人——释迦牟尼。

经过千寻百转，太子来到伽耶城，在城南郊找到一处静休林。这里地势平坦，林木苍翠，很少有行人干扰。太子以此地为道场，开始静修。起初，太子还到附近的村落里去乞食，后来修起大苦行，便不再出林，每日只吃少许的乌麻和米、麦，以充饥活命。后来又有一个叫提婆的婆罗门每日供他适量的粮米，诸如乌麻、粳米、小豆、大豆、绿豆、红豆等。传说，太子每日只各吃一粒，如是苦行，整整6年。这时他的体力已消耗殆尽，手足无力，形容枯槁，两眼深陷，面如土色，但为了心中那执着的追求，崇高的信仰，他忍受了一切。要知道，一日两日甚或是一年半载，这种自我修行也许可以坚持，而这可是长达6年的苦修苦行。如果不是心中的信仰坚定，一个人很难实现这样惊人的坚持。

据说，太子的境况曾传到父王的耳中。父王派曾经服侍过太子的释迦公子来苦行林要接回太子。当那人进入苦行林后，

第一章 希望在未来

看到太子躺在地上,满身尘土,面色憔悴,骨瘦如柴,不由失声痛哭。当他看到太子抬起头来,便对太子说:"太子,国王知道了你的境况,非常忧伤,特命我来接你回宫。"太子看一看这个使臣说:"我今不用此烦恼使,我唯欲得涅槃之使。"意即不欢迎这位使者。使者说:"太子,你发了什么誓言,怎么这样坚定?"太子说:"唯愿我身在此地破碎,犹如乌麻白粉以及微尘。若我不得自利利人,其精进心,终不放舍而生懈怠。我今身心,誓愿如是。"使者为完成自己的使命,费尽了唇舌,但太子依然如故,无动于衷。使者无奈而归。

在太子苦修的6年里,还有更多的干扰,但都没有动摇太子的意志。

就这样执着地坚持了6年。最后在那棵菩提树下,他又经过七七四十九天的苦思冥想,终于豁然开朗,悟得四谛十二因缘之道,对人生诸苦的原因以及生死轮转的因果等问题,找到了圆满的答案。悟得这一真谛,也就证得了所谓的"无上正等正觉"。太子终于在35岁这一年得道成佛了。

佛陀自己曾述道:"荒林丛莽之间,陵峦僻远,岂适宜于居处？寂寞难堪，孤身可畏。仿佛树妖林怪，窃去比丘心识，使之不得入定。"然而他"开始努力，排除障碍，专心镇定，不起纷扰，平息身心，不使激荡，集中思绪，注于一点"。

挑战人生需要百折不挠的精神：奋斗，失败；再奋斗，再失败；再奋斗……直至最终的成功，这就是成功的一般规律。成功之花靠奋斗者辛勤劳动的汗水去浇灌。奋斗与失败的每一次循环，都将使人的认识提高到一个新的水平和高度，都向成功的目标逼近了一步。

生活中有一个事实，那就是我们的欲望无限而时间有限。因此，我们应该思考的并不只是我们想从生活中得到什么，我们还应该考虑为此付出什么代价。这不能被看作消极因素，因为如果生活中一切都来得容易，如果成功不需代价，那么我们就不会欣赏成功。比方说，死亡使生活如此有价值，因此，我们不惜代价活着，我们活着的理由就是要验证人类所有的成功，几乎都是坚持的结果；人类所有的竞技，几乎都是坚持的较量；人类所有的创造，几乎都是坚持的作用。

坚持，就是将一种状态、一种心情、一种信念或是一种精神坚强而不动摇地、坚定而决不犹豫地、坚韧而不妥协地、

第一章 希望在未来

坚毅而不屈服地进行到底。在《世界上最伟大的推销员》一书中，作者曾在坚持不懈直到成功部分写道："我不是为了失败才来到这个世界上，我的血管里也没有失败的血液在流动。我不是任人鞭打的羔羊，我是猛狮，不与羊群为伍。我不想听失意者的哭泣，抱怨者的牢骚，这是羊群中的瘟疫，我不能被它传染。失败者的屠宰场不是我命运的归宿。"

柯立芝，美国第三十任总统曾经写过这样一段话：世界上任何事情都取代不了坚持力。天赋才能，一个天赋很高的人，终其一生都默默无闻，真是再正常不过的事情了；天才也不能，湮没无闻的天才比比皆是；只靠教育也不能，这个世界上随处可以看见受过高等教育的庸才。只有坚持和决心才是无往而不胜的！

艾吉分析说："一个成功的人，无论是致力于获取财富，还是在某一领域里成为顶尖高手，和那些无须成功的人比起来，最根本的差别就在于，成功的人永不言弃、永不言败，他们永远都是能够坚持到最后的那一个。无论有多大的障碍和挫折来阻挠，他们都不会轻言放弃。他们很清楚自己的目标是什么，并且能够坚持达到为止。"

很多历史上获得成功的人都认为，坚持到底是他们获得成功的重要原因。想象一下，如果司马迁写《史记》没有坚持15年；司马光写《资治通鉴》没有坚持19年；达尔文写《物种起源》没有坚持20年；李时针写《本草纲目》没有坚持27年；马克思写《资本论》没有坚持40年；歌德写《浮士德》没有坚持60年，他们能够成功吗？想象一下，如果要你发明一种新的产品，你愿意尝试多少次失败的实验？100次？200次？1000次？还是5000次？

我给大家举个例子吧！这个例子经常被提到。林肯一直梦想着要成为一个伟大的政治家。在他32岁那年，他破产了；35岁那年，他青梅竹马的女朋友去世了；36岁那年，他精神崩溃了。接下来的几年，他在竞选中连续失败。很多人都认为林肯应该放弃了，但是他却坚持了下来，结果走向了成功。

观看举重比赛，最牵动我心弦的不是选手一鼓作气将那重重的杠铃举起的瞬间，而是他们将杠铃托于胸前，屏住呼吸，似乎正在调动全身的力量，令人牵肠挂肚地坚持着的那一秒、两秒……然后憋足劲力，以排山倒海之势，双手擎起那几百公斤的沉重……一个震撼人心的或许也是惊心动魄的过程就这样完成了。

这一过程中最关键的环节就是运动员将杠铃托于胸前，屏

第一章　希望在未来

住呼吸坚持着的那几秒钟。那绝不是停歇或等待,那是毅力的补养,是意志的强化,是信念的再一次夯实。因此,这几秒钟的坚持,是成就辉煌的前奏,是大乐高潮来临之前的宁静,是朝日欲出时散发的光芒。

这是非常壮美的坚持,它足以给人最强烈的心灵震撼。

体育竞技是社会人生的一个缩影,也是一个坚持的完美写照。在中国女子手球比赛中,经常可以看见一个在赛场上飞奔、场外又十分快活的身影,她就是王旻,一个来自上海的24岁女孩,一个为了手球执着不悔、坚持到底的女孩。看着她笑得眯起来的眼睛,看着她红扑扑的脸蛋,很难把她与10个月前那个被撞倒在地造成肋软骨断裂的重伤者联系在一起。她的坚强和坚持,使她奇迹般地"复活"了!

2003年9月,亚洲手球锦标赛暨奥运资格选拔赛在日本拉开战幕,首战1分险胜日本队后,中国"女手"面对的第二对手哈萨克斯坦队。因为只有四支队伍参赛,比赛采用单循环积分制,所以每场比赛都至关重要。而当时中国队进攻核心李兵手指严重挫伤,王旻不得不从边锋内迁为内线以加强外线进攻火力。在外线毫无身高、经验优势可言的王旻虽无法像在熟悉的右边锋位置上那么游刃有余，但也显示出她不易屈服的个性。

比赛的下半场，王旻在一次防守中被撞倒在地，痛苦地躺在那里久久无法动弹。裁判示意用担架把她抬出场外进行检查。"当时她呼吸非常困难，"队医刘凯说，"根据她当时的症状和作挤压试验的结果，我感觉她的肋骨应该受到了严重挫伤。"在无法确诊伤情的情况下，刘凯建议王旻下场休息，"如果出现气胸、血胸，就会有生命危险了。"

王旻缺阵使中国队火力点又有所减弱。在等待救护车到来的时候，医疗队准备把王旻抬出赛场让她静静休息，但倔强的她强忍着胸口灼烧般的疼痛断断续续地说道："我不走，就算不能打，我也要看完比赛。"百般劝说都没用，心急如焚的刘凯也只能静静地守在她身旁，让她半躺在担架上艰难而又满足地看完剩余比赛。19∶17，中国队2分险胜，王旻嘴角含笑，顺从地让医疗队抬上救护车直奔医院。

日本当地医院的诊断印证了刘凯的猜测——肋软骨严重挫伤，医院方面表示："伤者必须静卧修养一个月。"但当听说中国队只要在最后一场逼平韩国队就能出线时，躺在病床上的

第一章　希望在未来

王旻强烈要求刘凯给她缠上厚厚的海绵和绷带,她要上场!

海绵和绷带让赛场上的王旻显得格外"魁梧",60分钟的激战过后,中国队逼平韩国队如愿拿到奥运会参赛资格。喜悦的同时更艰苦的日子也刚刚起步,奥运备战进入全面倒计时,没有更多时间留给王旻,她在床上躺了不到一周便回到了训练场上。

王旻的成功,告诉了我们坚持的价值。只要坚持,在没有路的时候,也能够踏出路径;在没有希望的地方也能够创造希望,让你无论如何,不会被困难打倒。

屡败屡战，在挫折中奋起

> 失败并不意味着浪费时间与生命，却往往意味着你又有理由去拥有新的时间与生命了。

保罗·高尔文是个身强力壮的爱尔兰子弟，在他的身上有着一种充满进取的精神。第一次世界大战以后，高尔文从部队复员回家，他在威斯康星办起了一家电池公司。可是无论他怎么卖劲折腾，回来还是只看见大门上了锁，公司被查封了，高尔文甚至不能再进去取出他挂在衣架上的大衣。

1926年，他又跟人合伙做起收音机生意来。当时，全美国估计有3000台收音机，预计两年后将扩大100倍，但这些收音机都是用电池做能源的。于是，他们想发明一种灯丝电源整流器来代替电池。这个想法本来不错，但产品还是打不开销路。眼看着生意一天天地走下坡路，他们似乎又要停业关门了。此时，高尔文通过邮购销售办法招揽了大批客户。他手里一有了钱，就办起了专门制造整流器和交流电真空管收音机的公司。可是不到3年，他所办的公司又走向了失败。

这时候，高尔文的生活开始变得糟糕起来，甚至陷入了绝境，他已经是一个负债累累的人，因为他的制造厂账面上已净欠374万美元。在一个周末的晚上，他回到家中，妻子正等着他拿钱来买食物、交房租，可他摸遍全身只有24块钱，而且全是借来的。

然而，高尔文并没有灰心，也没有气馁，更没有一蹶不振，他依然相信他能够东山再起，他能够走向成功。后来，经过两年的努力奋斗，高尔文的事业又取得了发展。又过了几年，他终于变成了名副其实的大富翁，他盖起了豪华的住宅，而且这幢豪华的住宅就是用他的第一部汽车收音机的牌子命名的。

这条定律告诉我们，失败并不意味着浪费时间与生命，却往往意味着你又有理由去拥有新的时间与生命了。我国香港恒和宝公司主席陈圣泽说："我永远也忘不了父亲送我的那句话：'要记着往前看，失败了不要气馁！'这句父亲离别前勉励的话，成为我一生奋斗的'动力'。"

很多人每当大难临头的时候，往往就开始怀疑自己的能力，他们从来不想一想失败并不意味着浪费时间和生命，而是在让他获得新生。如果一个人不经历过痛苦和失败，他怎么会感受到痛苦和失败足以撼动其生命内核？不然，他内在的潜力是不会被唤起的。他怎么会去想：如果我失败了，我以后将要怎样？他怎么会去思考：失败能唤起我更多的勇气吗？失败能使我发挥出更大的潜力吗？失败能使我发现新的力量，挖掘出潜在的创造力吗？失败了以后，是决心加倍的坚强，还是就此心灰意懒？正是有了这些思考，他们才知道跌倒以后，立刻站立起来，向失败夺取胜利，这是自古以来伟大人物的成功秘诀。或许你要说，你已经失败很多次，所以再试也是徒劳无益；你已经跌倒很多次，再站立起来也是无用。对于意志永不屈服的人，绝没有什么失败！不管失败的次数怎样多，时间怎样晚，胜利仍然是可以预期的。

托马斯说："伟大、高贵人物最明显的标志，就是他有坚忍的意志，不管环境如何恶劣，他的初衷与希望不会有丝毫的

第一章 希望在未来

改变,并将最终克服阻力达到所企望的目的。"

所以,我们永远不要被失败所吓倒,我们要相信,当我们似乎已经走到山穷水尽的绝境时,其实我们离成功也许只有一步之遥了,只要我们坚持,我们就能成功,我们只有不断对自己提出更高的要求,我们就可以避免失败。因此,看看那些失败过的人,他们是如何跌倒的,又是怎样爬起来的。他们是如何掸掸身上的尘土再上场一拼的,他们最终是如何在事业中获得成功的。

在《我们为什么还没成功》这本书中,我曾经看过这样一个故事,这个故事的主人公王成出身于一个贫穷的农村,他高中毕业后就外出打工,但由于学历低,只能做一些体力活儿。经过一年多的努力,他开始有了一点儿积蓄,于是在朋友的劝说下,开始自己投资干起了零售商的行当,他把多年辛苦挣得的资金全投进了一家小肉铺。

刚开始的时候,王成投资的肉铺的最大主顾是当地一家饭馆。这家饭馆的采购是一个嗜酒如命的人。一天,他跟年轻的王成说:"如果想要让我来你这里购买,你必须每天给我送一瓶二锅头。如果你做到了这点,以后我就经常来你这里买肉。"王成不想这么做，因为在他看来，如果每天都这样做，他的利润很小，甚至有可能亏本，于是，他们之间的生意从此断绝，王成的小店也开不下去了。

不得已，王成只好再去当地一家布匹服装店当店员。他以行动和言辞说服了这家服装店的两名店主，让他当第三名合伙人，即由他出一笔钱，加上原店的部分存货，他单独经营了一个新店。起初这家老板不同意，后来经过王成的不断恳求，老板终于同意了。

过了几年，王成的事业取得了成功，他想到他当初的创业是多么的来之不易，于是，他允许雇员享有自己从前曾经享有的机会。

从王成的成功来看，一个人通向成功的道路并不是一帆风顺的，有失才有得，有大失才能有大得。如果在连续失败三次之后你还能顽强不息地奋斗，那么你就不必怀疑自己在选定的领域内可能成为一位杰出人物。

以自己的方式活着

> 没有承受困难的能力，就没有希望了。

1958年，年仅12岁的陈圣泽离开广东新会的故乡到香港地区独闯天下，每当想到这段经历，陈圣泽不胜感慨地说："幼时，我家境十分贫穷，父亲耕田养活我们三兄弟，我排行第二。小学毕业后，父亲认为我已经可以自立，便设法替我申请前往香港学习一门手艺，那时，我背起了包袱便孤身上路，旅程上只感到前途茫茫，来到香港这块陌生的地方后，便投靠在亲戚家里。"

到达香港后，陈圣泽经亲友辗转介绍，在一间小型的首饰工场当学徒。1963年，陈圣泽拿出数千元的积蓄，便离开"山寨"首饰工场自闯天下。他找了一间不到200平方尺的房间，请了一位学徒，便做起家庭首饰加工业。

虽然陈圣泽雄心勃勃地要创业，但由于缺乏资金周转，客路又不足，以及缺乏管理经验，屡战屡败。工场虽然一度聘请了10个工人，但是在一两年间，最终仍是一败涂地，所有的资金全部都赔了进去，血本无归不说，还负债累累。不过，在经历失败打击的过程中，陈圣泽并没有灰心，他认为他所做的一切都是非常值得的，因为他汲取了很多宝贵的经验。

资本亏得一干二净之后，陈圣泽在经过一段时间的调整之后，又打起精神，开始了他的再次创业，他这次并没有冒险前进，而是慢慢地摸索前进。由于感到业务没有突破，他脑海中忽然泛起了一个念头，就是到外国闯一闯，汲取先进国家珠宝业的优点，以改良自己的生产方式。主意拿定之后，陈圣泽把公司留给太太及得力的助手经营，自己就跑到国外去学习先进的管理经验和加工技术去了。

他在美国学习了一年，首次接触到先进国家的流水作业过程，又了解到美国人对珠宝首饰的品位，最重要的是对自己的

第一章　希望在未来

创作理念有所启发，给他后来的成功奠下了基础。

回到香港之后，陈圣泽于1975年用数万元资本开办了恒和珠宝公司，头6个月只有20个人，他引入美国的"流水作业"生产方式，并取消学徒制度，以分工制度自行训练学徒，大大缩短了训练学徒的时间，令生产效率大为提高。

一天，他在美国珠宝公司的旧雇主参观他的工厂，并愿意发给他一些珠宝加工生意。如此，陈圣泽在珠宝行业站稳了脚跟。由于订单日增，一年之内，员工数量猛增。1978年，已经稳坐香港珠宝首饰出口美国市场第一位置的陈圣泽不无感慨地说："我的成功正是从我的失败中获得的，如果我没有承受困难的能力，我就不可能成功，正是我具备了从失败中奋起的精神，才给了我成功的力量和源泉。"这就是说，陈圣泽的成功是必然的。

在生活中，有不少人面对激烈的竞争，常显出措手不及的惊恐状，面对强手始终觉得自己是一个弱者，随时都有可能被迫退出人生舞台。但纵观历史的长河，不难发现，有很多大师都是历经磨难，他们通过调整自己的心态，从自己身上挖掘到了成功的种子，最终走向成功。

在本书中，曾经多次提到过李其云这个人。李其云出生于云南的乌蒙之地。这里地势偏僻，经济落后，在历史上有南夷野蛮之地之称。因此，他从小就得不到良好的教育。但是为了改变自己，他通过自身的努力实现了自己的梦想。在初高中时期，他就在自己的课桌上写道：我必须努力，只有通过我的努力，我才能做一个最好的自己！我必须向上，只有向上，我才能找到我心中的理想之地。

正是受这样的影响，他不仅以优异成绩考入北京大学，还因初高中时期的努力，在进入北大的同一年，被国家几部委联合授予"全国优秀文艺工作者"称号。李其云认为，他坚定不移的个性，永不言败、永不放弃的理念，令他能够克服一个又一个的困难，帮助他持续不断地向上攀升，向上前进。

在北大读书期间，他异常勤奋，同时又兼具真诚、透明、谦虚、不虚伪等品质。在学习期间就得到一些社会团体的认同，开始担任一些社会职务。后来在李其云参加工作后，通过自己的努力，获得了单位的认可，又被保送回北大读研究生。

在大多数人的眼里，李其云的人生旅途可谓一帆风顺，但

第一章　希望在未来

李其云却这样认为：

我从云南的昭通来到繁华的京城，在把生存作为第一目标的过程中，我像一棵连根拔起、没有土壤依托的草，浮在北国的风沙里；在经历了独自一人走进风雨，也更远离了桎梏的考验后，我开始沉思，为了我的将来，我的梦！我必须以坚韧不拔的精神，勇气十足的精神承担分配给我的一切工作，并全力以赴地把工作做好，不管是任何人都可以有理由充分地信任我，让我自己奋斗。我一向以任劳任怨、吃苦耐劳而自慰，不管做任何工作，不管付出的体力有多大，我都能把事情做得圆满如意，我愿意把我全部能力投入在事业上而不图回报。不管我是在帮别人打工，还是在给自己打工，我都能以一颗平静的心来对待。

但好多时候，还是很矛盾，我感到我已经奋斗了，为什么还会有失败，还会有牺牲。后来，我才慢慢地明白，在我们的人生历程中，无论你如何奋斗，成功与失败是并存的。一个永不停息奋斗的人，更需要有坚定的信念和坚强的意志，更需要有百折不挠的精神。无论你成功与否，如何遭受别人的攻击，你都要在别人投来轻蔑的目光中学会生存，不要在乎别人对你说什么，一定要把鲁迅先生的"走自己的路，让他人说去"作为人生的精神支柱来使自己活得更有意义。

我真的超脱了吗？我在问自己：为什么我时常会发出无奈的叹息？为什么我不能改变我能控制的事物？就像写这本书，我是不是又在为了沽名钓誉不断地去迎合着世人空虚的心灵、人性的弱点，在"仿制"中杜撰着浮华的时尚、虚假的热点。我还会偷换概念，用一句冠冕堂皇的话来安慰自己：牛顿说过："我是站在巨人的肩膀上成功的。"但不管怎么说，我还是相信：想做一件有益的事是明智的，做出来是坚强的，在做的过程中虽然经历了风雨，在做出来之后还要饱受别人的批判，但我还是远离了桎梏，没有批判，就没有进步。

钱锺书在《围城》中有一句精辟的话："城内的人想出去，城外的人想进来。"作企业家的想作一名员工，策划出书与写书的人又想使自己变成企业家。从而使原本就难以平静的心再次掀起了阵阵波澜。好多年前，我曾在日记中写道："奋斗，是为了追求有价值的人生，而绝不仅仅是为了成功。有价值的人生,才是我成功的终极目标。"而如今,我已经不再对立脚点信誓旦旦,我开始在市场经济的大潮中背叛了自己。我在追逐实现人生价值的同时,也学会了在极短的时间内去创造经济价值。无奈!我只好问自己,我学会做人了吗?我只好准备着在此书出版后接踵而来的一场洗礼,等待着那些评论家用他们犀利的笔来洗刷我肮脏的灵魂。我只好用伊丽娜·罗斯福的一句话来警示自己:"避免别人攻讦的唯一方法是,你得像一只有价值的精美瓷器,有风度地静立在架子上。只要你觉得对的事,就去做——反正你做了有人批评,不做也会有人批评。"

其实,李其云有时对自己也是迷惘的,有一次我问他:"你认为你成功了吗?"李其云没有回答,我接着对他说道:"在别人的眼里你已经算是成功了,有了自己的事业,有了自己的大作,并且能够不断地把握一个又一个大好机会,成为别人眼中永远红运当头的幸运者,这多好啊!"

李其云淡淡一笑说:"在我走过的人生历程中,我有过成功,也有过失败;有过别人投来的赞许,也有别人的攻讦。但这一切都不能左右我的人生目标,只要我不放弃自己的努力,我就会成功，哪怕是到了山穷水尽的绝望境界，我也会奋斗下去。这就是我为什么经历了重重挫败，却能够活得快乐的原因。"

事实上，从上面的表述中，我们已经感受到了李其云高尚的品格。在工作中，他总是尽力做到最好。每进入一个新领域，他都无比兴奋，无论是从当初起步的报刊影视圈，还是到后来的信息产业，再到现在的文化产业，然后拥有自己的事业，他都不断地在这些过程中积累更多的经验和知识，学到与不同人相处、合作的技巧。

在业余时间，他抽出大量的时间进行写作，他认为帮大众传播知识，帮大众创造财富是他一生执着的追求。李其云说："现在的我，别人认为我已经走向了成功，但在我看来，自己只是一个刚刚开始走路的孩子。在未来的日子里，我还要面对许多顺境和逆境。面对顺境时，我会投入全身的精力去做自己应该做的事；面对逆境时，我将逆流而上，去挑战人生，我始终坚信：人生能有几回搏，此时不搏待何时。我应该每天多做一点点，每天多努力一点点，让自己的人生快乐、充实，更有意义。只要我能够做到这一点，那么在我死去的时候，我也可以心安地说：我没有虚度年华，我的一生是充实的一生。"

第一章　希望在未来

信念左右结果

一个有信念者所开发出的力量，大于99个只有兴趣者。

一位权威人士曾经讲过这样一个故事：

不久前，他在考察一个建筑工地的时候，接触了一位建筑工人，这位建筑工人已经在建筑行业干了许多年，为北京的高楼大厦的建设出了不少力。

但是，他却没有任何成就感。相反，他恨自己，他认为自己没有什么理想，也没有什么信念，他从来就没有过幸福，有时甚至想从建筑工地的高楼上跳下去，就此结束生命，这样他就可以一死了之。

权威人士听了这位建筑工人的叙述之后，感到非常吃惊，于是决定帮助他。他开始询问这位建筑工人的生活。建筑工人告诉他，他这一生总有摆脱不了的烦恼，他没有任何追求，也没有什么信仰，只是随波逐流，日复一日地干着自己的本职工作。他还告诉他，他小时候上学，教师说他很傻，说他将来注定一无所成。他忘不了老师对他所说的一切，从那以后，他一直恨自己。学习成绩一落千丈，好几门功课不及格，最后终于逃学了。从此，他认为自己就是一个失败者。

确切地说，这是矛盾的，因为他取得了很大的成就。他在建筑业萧条时期当上了建筑工人，而且干了好长一段时间。为了谋生，他当过烧炉工，干过泥水匠。后来结了婚，他现在有两个孩子。他的大女儿在上大学，曾向他介绍过一个人如何走向成功的一些书。为此，他也看了许多书，但对他却没有任何的帮助，因为他一直摆脱不了他始终在恨自己的这个念头。

听完建筑工人的介绍之后，权威人士对他说："你应该这样对待自己，你失败过，你为什么就不能有失败呢？每个人都会有失败，但你应该看到成功。摆脱过去，看一看自己已经取得的成绩。这些年来，你工作稳定。你已经成为一个有用的人，也结了婚，有了两个孩子，而且两个孩子已经长大成人。大女儿已经上了大学，你应该感到骄傲。你此时应该想的是，你用自己的辛勤劳动在为他们谋取幸福，你在用你的劳动获得他们对你的尊敬。你应该看到他们的成长是你栽培的，只要你想想这些，你难道不是一个成功人士吗？只要你这样想，你就会感到自己是幸福的！"

听权威人士这么说，建筑工人的脸上露出了微笑，说："我从来没这么想过。"他说。

"别再回忆那些失败和痛苦了，你应该看到将来。"权威人士说，"你已经成功了，想想这些成功吧。这样，你就会知道什么是幸福，什么是享受，你就会笑得更多。"

影响我们人生的绝不仅仅是环境，也不是我们的遭遇，而是我们所持有的信念，我们的信念左右我们的命运。能够保证成功的不是知识也不是教养，更不是训练、经验、金钱，而是信念。

按照行为科学的结论，你的看法会左右你的结果。所谓信就是人言，人说的话；所谓念就是今天的心。两个字合起来就是今天我在心里对自己说的话。若一个人在心里老是不停地暗示自己，我不行！很难想象，他会在今后的人生中作出怎样的成绩。相反，若一个人在心底深处总是不停地鼓励自己，我能行！那他在人生中获得成功的概率就越大。人只有相信自己，才能成功。如果我们认定自己失败，我们就注定要失败！如果我们坚定自己是哪一种人，我们就会成为我们心目中的人。只要我们心中有了一个坚定的信念，无论做什么事，只要我们反复地去确认、去努力、去拼搏，总有一天会变成现实！

　　《信仰的力量》一书的作者路易斯·宾斯托克说："每一个人，无论是贩夫走卒还是英雄人物，总有遭人批评的时刻。事实上，越成功的人，受到的批评就越多。只有那些什么都不做的人，才能免除别人的批评。"

　　你们听说过李其云这个名字吗？这个人的身上是充满神奇的，在念大学时，一位出版家曾这样说："李其云要出书，那简直是天方夜谭。"结果他现在已经出版了五六本书。在创办企业前，一位企业家说："身无分文，想办企业，那简直是天大的笑话。"结果他有了自己的企业。在他取得业绩时，还有人说："这个人简直不可思议，他一生没救了，想成功除非再等500年。"结果这些评论都被李其云后来的成功一一否定了。

第一章　希望在未来

李其云说:"你如果认为你确实一定能够成功,就大胆,自信地去干,用自己的实力去说明一切,去回击那些人。你千万要记住:不管是暂时的挫折还是逆境,我们都应该勇敢地去面对,把所有的困难都当作是对我们的考验。事实上,在每一种逆境及每一个挫折中都存在着一个持久性的大教训。而且通常说来,这种教训是无法以挫折以外的其他方式而获得的。"

你听过塞蒙·纽康这名字吗?这个人出生于1835年,卒于1909年。在莱特兄弟首次飞行成功一年半前,他说了以下的"名言":"想叫比空气重的机器飞上天,不但不可能,而且毫不实用。"

你知道约翰·莱特福特吗?他不但是个博士,而且当过英国剑桥大学副校长。在达尔文出版《物种起源》这部名著前夕,他郑重指出:"天与地,在公元前4000年10月23日上午9点诞生。"

你听说过狄奥尼西斯·拉多纳博士吗?他生于1793年,卒于1859年,曾任伦敦大学天文学教授。他的高见是:"在铁轨上高速旅行根本不可能,乘客将不能呼吸,甚至将窒息而死。"

1786年，莫扎特的歌剧《费加罗的婚礼》初演，落幕后，拿波里国王费迪南德四世坦率地发表了感想："莫扎特，你这个作品太吵了，音符用得太多了。"

国王不懂音乐，我们可以不苛责，但美国波士顿的音乐评论家菲利普·海尔也于1873年表示："贝多芬的第七交响乐，要是不设法删减，早晚会被淘汰。"

好吧，乐评家也不懂音乐，但是音乐家自己就懂音乐吗？柴可夫斯基在他1886年10月9日的日记中说："我演奏了勃拉姆斯的作品，这家伙毫无天分，眼看这样平凡的自大狂被人尊为天才，真叫我忍无可忍。"

有趣的是，乐评家亚历山大·鲁布于1881年就事先替勃拉姆斯报了仇。他在杂志上撰文表示："柴可夫斯基一定和贝多芬一样聋了，他运气真好，可以不必听自己的作品。"

路易斯·宾斯托克说："真正的勇气就是秉持自己的信念，不管别人怎么说。"

李其云说："一个精美的花瓶放在展览架上，没有不被打破的。因为正是这个花瓶给了人们太多的享受，才会受伤。如

第一章 希望在未来

果把这句话转变在我们的信仰方面,我们可以说,我们的信仰决定了我们的所作所为,尽管我们的信仰在别人看来是异端,在这样的情况下,受人鞭策是应该的,但我们所作所为是正当的,那就让他人去说吧。无论走到哪里,无论处于什么样的环境中,信仰都不失为一种企望,一种忠诚,一种对自己精神出路的应许。一个真正具有信仰的人,会自觉地通过信仰来铸就自己顽强的意志,来统领自己的精神生活。"

的确如此,信仰是一种复杂的精神现象,它既有情感、意志的因素,也有理性和认知的成分。信仰不但是精神的依归与寄托,而且也是知识的发源地。它在依靠理性论证的同时,激励人的热情,使人从超自然的、奇迹的事物中汲取力量并展示那不可动摇的意志。真正的信仰使人克服狭隘和私心,使人更富有同情心和责任感。精神是需要根基的,没有这种根基,人将处于无家可归的精神状态,处于永不安息的浮躁状态。而信仰能够安适人的精神,让人获得内心的平静与旷达,让人变得充实。

第二章

为梦想，去努力

第二章　为梦想，去努力

梦想

>　　当你能飞的时候就不要放弃飞。当你能梦的时候就不要放弃梦。

　　几年前，有个顽童无意间在悬崖的鹰巢里找到了一颗蛋。他一时兴起，将这颗蛋带回父亲的农庄，放在母鸡的窝里，想看看能不能孵出小鹰来。

　　果然如顽童所期望的那样，那颗蛋孵出了一只小鹰。小鹰跟着同窝的小鸡一起长大，每天在农庄里追逐主人喂饲的谷粒，一直以为自己是只小鸡。

　　某一天，母鸡焦急地咯咯大叫，召唤小鸡们赶紧躲回鸡舍内。慌乱之际，只见一只雄壮的老鹰俯冲而下。小鹰也和小鸡一样，四处逃窜。

经过这次事件后，小鹰每次看见在远处天空盘旋的老鹰身影，总是不禁喃喃自语："我若是能像老鹰那样，自由地翱翔在天上，不知该有多好。"

而一旁的小鸡总会提醒它："别傻了，你只不过是只鸡，是不可能高飞的，别做那种白日梦了。"

小鹰想想也对，自己不过是只小鸡，也就回过头去和其它小鸡追逐主人撒下的谷粒。

直到有一天，一位驯兽师和朋友路过农庄，看见这只小鹰，便兴致勃勃地要教会小鹰飞翔，而他的朋友则认为小鹰的翅膀已经退化无力，劝驯兽师打消这个念头。

驯兽师却不这么想，他将小鹰带到农舍的屋顶上，认为由高处将小鹰掷下，它自然会展翅高飞。不料，小老鹰只轻拍了几下翅膀，便落到鸡群当中，和小鸡们四处找寻食物。

驯兽师仍不死心，再次带着小鹰爬上农庄内最高的树上，掷出小鹰。小鹰害怕之余，本能地展开翅膀，飞了一段距离，看见地上的小鸡们正忙着追寻谷粒，便立时停了下来，加入鸡

第二章 为梦想，去努力

群中争食，再也不肯飞了。

在朋友的嘲笑声中，驯兽师将小鹰带到了悬崖上。小鹰锐利的眼光看去，大树、农庄、溪流都在脚下，而且变得十分渺小。待驯兽师的手一放开，小鹰展开宽阔的巨翼，终于实现了它的梦想，自由地翱翔于天际。

心理学家说得非常正确："当一个人真的渴望去做一件事情时，这件事情自会出现。"我们每个人都如同小鹰一般，曾拥有过翱翔天际、悠游自在的美妙梦想。有趣的是，这些伟大的梦想，往往也就在周围亲友的一句句"别傻了""不可能"声中逐渐萎缩，甚至破灭。就算侥幸遇上一位懂得欣赏我们的驯兽师，硬将我们带到更高的领域，往往我们也会像小鹰回头望见地上争食的鸡群一般，再次飞回地上，加入往日那个不敢梦想的群体里。

成功的过程就是从依赖到独立，然后再到互赖的过程！只有这样，我们才会把眼光放得高一些，好让成果突破我们过去的表现，超越我们的竞争者。之后，我们再做尝试，鞭策自己不断向更高的境界努力。想要达到你的目标，满足你的渴望，实现你的梦想，就一定要付诸行动。只有努力去做，才能让你精益求精。偶尔的失败，是必需的过程。

公元前104年，司马迁着手编写中国的第一部纪传体通史。正当司马迁专心著述的时候，大祸从天而降。公元前99年，汉将军骑都尉李陵奉命率领五千步兵出击匈奴，不幸被匈奴八万骑兵包围，经过几昼夜的激战，李陵得不到李广利所率领的主力部队的后援，结果因弹尽粮绝，寡不敌众，战败投降。汉武帝为战败之事非常生气。汉武帝问司马迁对此事有何看法。司马迁认为：敌我兵力悬殊，李陵以少数兵力，转战千里，后无援兵，杀伤敌兵近万，这样英勇，古代名将也不过如此。他虽然力竭投降，还可能找机会立功报答国家的。司马迁的话实际上在指责李广利没有尽到他的责任，不料汉武帝认为这些话是为李陵开脱，盛怒之下，立即下令把司马迁投入了监牢，并处以死刑。按汉朝的法律，死刑有两种减免的办法：一是用50万钱来赎罪；一是受"腐刑"（割去睾丸）。司马迁是个小小的史官，家里很穷，拿不出钱来赎罪，只好接受了这种对人肉体上、精神上最残酷的摧残，以及对人格的极大侮辱。为此，司马迁痛不欲生，几次想自杀，一死了之。但是，他顾念到《史记》尚未完成，便隐忍苟活，以实现祖辈几代人的夙愿

第二章　为梦想，去努力

和自己的理想。

他忍辱负重，矢志不渝，终于在公元前93年完成了千古不朽的名著——《史记》。

勇敢地去梦想

> 生命本身就是奇迹，每个人都要勇敢地去梦想，勇敢地创造奇迹。

有个叫布罗迪的英国教师在整理阁楼上的旧物时，发现了一叠练习册，它们是皮特金中学B(2)班51位孩子的春季作文，题目叫《未来我是＿＿》。他本以为这些东西在德军空袭伦敦时被炸飞了，没想到它们竟安然地躺在自己家里，并且一躺就是25年。

布罗迪顺便翻了几本，很快便被孩子们千奇百怪的自我设计迷住了。比如，有个叫彼得的学生说，未来的他是海军大臣，因为有一次他在海中游泳，喝了3升海水，都没被淹死；还

第二章 为梦想，去努力

有一个说，自己将来必定是法国的总统，因为他能背出25个法国城市的名字，而同班的其他同学最多的只能背出7个；最让人称奇的，是一个叫戴维的盲学生，他认为，将来他必定是英国的一个内阁大臣，因为在英国还没有一个盲人进入过内阁。总之，51个孩子都在作文中描绘了自己的未来。有当驯狗师的；有当领航员的；有做做王妃的……五花八门，应有尽有。布罗迪读着这些作文，突然有一种冲动——何不把这些本子重新发到同学们手中，让他们看看现在的自己是否实现了25年前的梦想。当地一家报纸得知他这一想法，为他发了一则启事。没几天，书信向布罗迪飞来。他们中间有商人、学者及政府官员，更多的是没有身份的人，他们都表示，很想知道儿时的梦想，并且很想得到那本作文簿，布罗迪按地址一一给他们寄去。

一年后，布罗迪身边仅剩下一个作文本没人索要。他想，这个叫戴维的人也许死了。毕竟25年了，25年间是什么事都会发生的。

就在布罗迪准备把这个本子送给一家私人收藏馆时，他收到内阁教育大臣布伦克特的一封信。他在信中说："那个叫戴维的就是我，感谢您还为我们保存着儿时的梦想。不过，我已经不需要那个本子了，因为从那时起，我的梦想就一直在我的脑子里，我没有一天放弃过。25年过去了，可以说我已经实现了那个梦想。今天，我还想通过这封信告诉我其他的50位同学，只要不让年轻时的梦想随岁月飘逝，成功总有一天会出现在你的面前。"

布伦克特的这封信后来被发表在《太阳报》上，因为他作为英国第一位盲人大臣，用自己的行动证明了一个真理：假如谁能把15岁时想当总统的愿望保持25年，那么他现在一定已经是总统了。

从这个故事中可以看出，有了行动计划，就不会白费时间、精力、金钱。当然，拟一份妥善的计划并不容易。我们已经习惯的是动手做，不是动脑想，所以表面看来，大家都很忙，但忙并不一定代表有成效。行动计划拟好后，你要先有心理准备：这个计划几乎每天都会变动。它是有生命、会呼吸的文件。它的生命，来自于你的梦想和视野；它的走向，取决于你的想象力和行动。

第二章 为梦想,去努力

我们知道,梦想缘于想象,并且是想象的动力,是生活的坐标,是选择的出发点与尺度。梦想能让我们展开联想,给人一种引人注目、让人欢欣、令人激动的境遇。它能提醒我们只要怀着信念去做自己不知道能否成功的事业,无论从事的事业多么冒险,就一定会获得成功。

梦想的直接作用,首先是给人以信心,从而化为创造力。

有一个故事讲的是在一家效益不错的公司里,总经理叮嘱全体员工:"谁也不要走进8楼那个没挂门牌的房间。"但他没解释为什么,员工都牢牢记住了总经理的叮嘱。

一个月后,公司又招聘了一批员工,总经理对新员工又交代了同样的话。

"为什么?"这时有个年轻人小声嘀咕了一句。

"不为什么。"总经理满脸严肃地答道。

回到岗位上,年轻人还在不解地思考着总经理的叮嘱,其他人劝他干好自己的工作,别瞎操心,听总经理的没错。但年轻人却偏要走进那个房间看看。

他轻轻地叩门,没有反应,再轻轻一推,虚掩的门开了,只见里面放着一个纸牌,上面用红笔写着:把纸牌送给总经理。

这时，同事们开始为他担忧，劝他赶紧把纸牌放回去，大家替他保密。但年轻人却直奔15楼的总经理办公室。

当他将那个纸牌交到总经理手中时，总经理宣布了一项惊人的决定："从现在起，你被任命为销售部经理。"

"就因为我把这个纸牌拿来了？"

"没错，我已经等了快半年了，相信你能胜任这份工作。"总经理充满自信地说。

果然，上任后，年轻人把销售部的工作搞得红红火火。

我们从这个故事中看到了什么呢？有时候，我们也会出现无法顺利解决的可怕问题。但对怀有梦想的人来说，这并没有什么大不了的，因为他们面对任何问题，永远都带着一定能够解决的自信。

所以，只要自己拥有梦想，那就是获得成功不可或缺的前提。当然其他因素也非常重要，但最基本的条件是激励自己达到所希望的目标的积极态度。我们同时还要看到，一个有事业追求的人，可以把"梦"做得高一些。虽然开始时只是梦想，但只要不停地去做，不轻易放弃，梦想终能成真。

第二章　为梦想，去努力

和梦想一起飞

拥有梦想只是一种智力，实现梦想才是一种能力。

罗马纳·巴纽埃洛斯是一位年轻的墨西哥姑娘，16岁就结婚了。在两年当中她生了两个儿子，丈夫不久后离家出走，罗马纳只好独自支撑家庭。但是，她决心谋求一种令她自己及两个儿子感到体面和自豪的生活。

她用一块普通披巾包起全部财产，跨过里奥兰德河，在得克萨斯州的埃尔帕索安顿下来，并在一家洗衣店工作，一天仅赚1美元，但她从没忘记自己的梦想，即在贫困的阴影中创造一种受人尊敬的生活。于是，口袋里只有7美元的她，带着两个儿子乘公共汽车来到洛杉矶寻求更好的发展机会。

她开始做洗碗的工作，后来找到什么活儿就做什么，拼命攒钱直到存了400美元后，便和她的姨母共同买下一家拥有一台烙饼机及一台烙小玉米饼机的店。她与姨母共同制作的玉米饼非常成功，后来还开了几家分店。直到最后，姨母感觉到工作太辛苦了，这位年轻妇女便买下了她的股份。

不久，她经营的小玉米饼店铺成为全国最大的墨西哥食品批发商，拥有员工300多人。

她和两个儿子在经济上有了保障之后，这位勇敢的年轻妇女便将精力转移到提高她美籍墨西哥同胞的地位上。

"我们需要自己的银行。"她想。后来她便和许多朋友在东洛杉矶创建了"泛美国民银行"。这家银行主要是为美籍墨西哥人所居住的社区服务。如今，银行资产已增长到2200多万美元，这位年轻妇女的成功确实来之不易。

就在她的事业渐有起色的时候，一些抱有消极思想的专家们告诉她："不要做这种事。"他们说："美籍墨西哥人不能创办自己的银行，你们没有资格创办一家银行，同时永远不会成功。"

第二章 为梦想，去努力

"我行，而且一定要成功。"她平静地回答。

结果她真的梦想成真了。

她与伙伴们在一个小拖车里创办起他们的银行。可是，到社区销售股票时遇到一个麻烦，因为人们对他们毫无信心，于是她向人们兜售股票时屡屡遭到拒绝。

他们问道："你怎么可能办得起银行呢？""我们已经努力了十几年，总是失败，你知道吗？墨西哥人不是银行家呀！"

但是，她始终不放弃自己的梦想，努力不懈，如今，这家银行取得伟大成功的故事在东洛杉矶已经传为佳话。后来，她成了美国第34任财政部长。

看完上面的故事，我只想问大家一个问题：你能想象得到这一切吗？一名默默无闻的墨西哥移民，却胸怀大志，后来竟成为世界上最大经济实体的财政部长。

从这个故事我们也可以看出，只有行动是鼓舞生命的力量，它能够带来欢乐和使命。这个世界总是以人的所作所为来决定你存在的价值，谁会用你的思想或你的感觉来衡量你的成就？如果你总是旁观者而不是剧中人，你又如何能表现出你的潜在能力？

不久前，我曾经看过这样一篇文章：梦想是人类行为的推动力，人类通过拥有梦想，可以有力量攫取更多的资源。当然，也必须承认，梦想从某种程度上讲，是一个"零和游戏"：你多占了资源，别人所拥有的就少了。根据这种说法，大家应该都有梦想才是。但事实上，人与人在梦想方面有很大的差别。

这些差别引起了人类学家、心理学家和其他学者的关注，他们力图从家庭出身、社会影响、遗传及个体差异上寻求答案。

从家庭出身来讲，出生在穷人家的孩子，要为生存而忧虑，可能与生俱来就有"梦想"，但也不排除悲观失望、不思进取者。在富裕家庭长大的孩子，可以获得的东西虽然很多，但也有懒惰、挥霍无度的人。总之，研究表明，上流社会之所以有相当大比例的人有"梦想"，有钱不是主要原因，家庭影响和父母对孩子成功理念的灌输起重要作用。

事实上，梦想、希望和信念是一同存在的，我们要坚信自己与生俱来就是一个胜利者，我们要充满信心地激励自己。要成为胜利者就必须有坚定的信念。胜利者毫无例外都是满怀信心之人，而失败者往往缺乏信念。

我们要看到信念给我们的是希望，是梦想，我们要有一种内在的精神准备，要有一种热烈却尚未实现的冲动，我们要相信自己是为了成为胜利者才被创造出来的，是为了成为一个大人物而存在的，绝不是为了做一个卑微者而被赋予生命的。如果我们失去了这种希望，我们也就失去了生命的活力。

曾有一位作家，他花费大半的成年岁月去坚持写书。这让大家都迷惑不解，因为他不但是一位优秀的作家，而且能轻轻松松就写出文章！有一天，有位朋友请他考虑一下，一本书不过是把一连串有趣的篇章串联起来而已。在大家看来再浅显不过的事，他却从来没想过。相反，他总是专注在他固执的信念上，认为写书这个计划太庞大了。这一念之差，改变了一切。两年之后，他才完成了他的第一本书。

所以说，每一个人现在所处的境况，正是以往生活态度造成的。若想改变未来的生活，使之更加顺利，必得先改变此时的想法，倘若坚持错误的观念，固执不愿改变，即使再努力，恐怕也体会不到成功带来的喜悦。

去实现梦想

> 如果能追随理想而生活，本着正直自由的精神、勇往直前的毅力、诚实不自欺的思想而行，则定能臻于至善至美的境地。

有一个故事讲的是特洛伊正走在海滩上，突然发现一双套在皱巴巴棕色长裤内的脚从一个被露水沾湿的报纸做的帐篷中伸出来。最初，她以为这是一具死尸。她毛骨悚然地站着，手里抓着一条按妈妈的吩咐买来的面包。

她呆若木鸡……

一只腿动弹了一下，接着，一只胳膊露了出来，袖子边耷拉着。随后，那手一把扯开报纸，人钻了出来。

年轻的？年老的？特洛伊吓得什么也没看清。

第二章 为梦想，去努力

"早上好！"他问候她。

特洛伊后退了两步。声音听起来倒不凶，可他那沾满沙子的脑袋、胡子拉碴的模样着实让人担惊受怕。

"去吧，"他赞同地说，"快跑开吧。我不会追你的……是叫你出来买面包的，对不？"

特洛伊默不作声。

他解开自己的鞋带，从鞋内倒出一股细沙。"我深表谢意，"他礼貌周全，"因为你叫醒了我。当然，在这种时刻，我好像迷失了。我常常搞不清自己到底是谁——是失业记者，还是走霉运的诗人；是遁世者，还是替罪羊？我想，你一定以为我只不过是个流浪汉。"

特洛伊慢慢地摇摇头。

他对她微笑，突然间显得年轻了许多。

"我光顾谈自己了，现在来谈谈你吧。你会成为一个人物的。我相信，不然，你也不会站在这儿啦——你早就跑走了。但是你没跑……"

她只是瞪眼瞧着他，充满了疑惑。但是，一种巨大的怜悯、温情和理解——自从父亲去世后久违了很久的感情突然涌上心头。

"来吧，"他哄着她，"告诉我，你将来想干什么？演员？画家？音乐家？作家？——也许，还不知道？不知道更好，一切都在前面，新鲜、光彩的未来。可是，你听着——"

他朝前探着身子："我要告诉你一个秘密——一个我知道得太晚的秘密。未来取决于美的真谛——你怎么找它，怎么看它。人们将赞扬你的钻石又美又名贵，当然，这没错。可是，就在这儿——"他抓起一把细沙，"这儿也有成百上千万颗钻石。只要你深入其中去发现。瞧这个！"他递给她一片玻璃碎片，它的棱角被海水和沙子磨光了。"别人会说，毫无用处。可是，把它对着光瞧瞧！它翠得像绿宝石，神秘得如翡翠，光洁得像墨玉！"

一只海鸥尖叫着飞来，在他们头顶盘旋，投下一片浮翔的阴影。那眼睛闪亮的鸟儿自在地在晨光中飘荡着。

"看那里，"他指着海鸥，"那就是我的意思。人，不能像海鸥点水般。哪怕只有针尖般大的希望也不能放弃。孩子！

第二章　为梦想，去努力

要努力寻找，努力抓住晨光的双翅。"

她仔细看了看手里那片被海水刷亮了的碎玻璃片，翠得像绿宝石，神秘得如翡翠，光洁得像墨玉。

"要努力寻找，努力抓住晨光的双翅。"特洛伊正是在这句话的鼓励下，开始一步步走向了成功。

要拥有梦想。要是你没有，你等于没有做事的动机或理由。有了梦想，你就要设法去实现；要实现，你就需要一套行动计划！为什么要拟订行动计划？因为没有它，事情不可能成功。这套计划涵盖了你落实梦想的每个步骤，是行动的指南。有了行动计划，你做事所花的时间不但大为减少，还能省下不少力气，当然也就更容易实现。

亚里山德拉图书馆被烧之后，只有一本书保存了下来，但并不是一本很有价值的书。于是，一个识得几个字的人用几个铜板买下了这本书。

这本书并不怎么有趣，但这里面却有一个非常有趣的东西！那是窄窄的一条羊皮纸，上面写着"点金石"的秘密。

什么是点金石呢？其实，我们所谓的点金石就是一块小小的石子，它能将任何一种普通金属变成纯金。

我们如何能够发现这种点金石呢？羊皮纸上的文字说，点金石就在黑海的海滩上，和成千上万的与它看起来一模一样的小石子混在一起，但秘密就在这儿。真正的点金石摸上去很温暖，而普通的石子摸上去却是冰凉的。

这个人得到这本书后，马上变卖了他为数不多的财产，买了一些简单的装备，他在黑海的海边扎起帐篷，开始寻找这块点金石。

这个人知道，如果他捡起一块普通的石子，只要用手摸上去是冰凉的，就将其扔进大海里。就这样，他无数次地捡拾起海边的石子，结果摸上去都是冰凉的，他就无数次地把它们扔进大海里。

时间不断地过去，一个星期，一个月，一年，三年，这个人不停地在海边捡拾着石子，但他还是没有找到点金石。然而，他继续干下去，捡起一块石子，是凉的，将它扔进海里，又捡一颗，还是凉的，再把它扔进海里，又一颗……

但是，有一天上午他捡起了一颗石子，而且这块石子是温

第二章 为梦想，去努力

暖的，但他却把这块石子随手扔进了海里。他已经形成一种习惯，把捡到的所有石子都扔进海里。他已经如此习惯于做扔石子的动作，以至于当他真正想要的那一个到来时，他也还是将其扔进了海里……

所以，我们要拥有梦想，只有拥有梦想，我们才能充分发挥潜能，才能用百分之百的努力去奋斗。如果你一直在成长，就能获得最高境界的自尊、快乐与爱；如果你充分发挥个人潜能，人生将没有失败，只有结果；只要你能一直在生活中学习，你就不会失败。你全力以赴，并且对自己一切的行动完全负责，在人生的路上你将会发现一切皆由你掌控；只要你为人生的扩展投入一份心力，充分挖掘生命的潜能，你会发现你现在所追求的梦想、你现在所追求的爱与快乐都会实现，并且取得辉煌的成功。

第三章

让努力，照亮你未来的路

第三章　让努力，照亮你未来的路

有梦想就有辉煌

有很多人一生没有辉煌，并不是因为他们不能辉煌，而是因为他们的头脑中没有闪过辉煌的念头，或者不知道应该如何辉煌。

1993年以前，有一个远离家乡的年轻人在《大地》上发表了一首诗——《这也是一种辉煌》，这首诗写的是一个只有高中学历且家庭困苦的穷小子是如何从贫穷走向辉煌的。

诗的创意源于有一天，这个穷小子在穿越市区要回农村老家时，突然看见一群西装革履的年轻人手里提着黑色皮包，气宇轩昂地从一栋大楼出来，他情不自禁地感慨地说："将来有一天，我也会像他们一样，活得比他们还精神，活得比他们还成功。"

于是，这位年轻人开始努力地工作和学习，他不再为贫穷的家庭环境而整日愁眉不展，而是梦想有一天可以出人头地，最终有一个辉煌的人生。

但由于生活环境的限制，经过两年的努力，这位年轻人并没有达到自己的目的，还是没有成功。

在不知不觉中，时间又过了三年，随着年龄的增长，这位年轻人深深地明白，如果自己不离开家乡，梦想永远也不可能实现。

半年后，这位年轻人毫不犹豫地选择了到北京发展。来到北京之后，由于受学历以及各种因素的影响，这位年轻人吃了不少的苦，他做过民工，烧过锅炉，当过保安，只要是能养活自己的活儿他几乎都去做了。

就这样，又经过了三年的时间，这位年轻人同样没有在事业上取得丝毫的进展，他只是做了一件事，就是在这段时间里做活养活自己。三年后的一天，他和一位朋友去听了一场关于成功励志方面的精彩演讲。在演讲大师那抑扬顿挫、绘声绘色、口若悬河的演讲中，他开始认识到自己的不足，从那以后他开始自学，不断地改变自己。

第三章 让努力，照亮你未来的路

12年以后，令人吃惊的事发生了，在人们眼中一无是处的穷小子摇身变成了一位大富翁，成了一位街头巷尾人们谈之不尽的人物。他就是现在知名企业家李伟。

后来，他写了一本畅销书《我们为什么还没成功》，他在书里生动地讲述了自己成功的原因，并阐述了他是如何成就辉煌人生的秘密。

一个没有胸怀成就辉煌人生的人，他注定不会成为赢家，也不可能唤醒蕴藏在他身上的潜能。只有你想成就辉煌，你才能激发蕴藏在你身上潜能，才能成就自己的人生。

我们要想成就自己的辉煌，就要树立远大的志向。如果没有远大的志向，必定会被眼前的困难所吓倒，就会被设在我们面前的困难所折服，就会走向失败的深渊。

德国的歌德曾经在《浮士德》中说：始终坚持不懈的人，最终必然能够成功。但在现实生活中，又有多少人走向成功了呢？他们不能成功的原因就在于他们始终缺乏这种坚持不懈的精神，以致终生碌碌无为，终生浑浑噩噩。反之，人有志则不同。一个有志向的人，他们知道："志不立，如无舵之舟，无御之马，漂荡奔逸，终亦何所底乎。"一个有志向的人，他们知道：

"志立则学思从之，故才日益而聪明日盛，成乎富有；志之笃，则气从其志，以不倦而日新。"一个有志向的人，他们知道："志为气之帅，有志则气不衰。"一个有志向的人知道："持志如心痛。一心在痛上，岂有工夫说闲话，管闲事？"一个有志向的人知道："精卫衔微木，将以填沧海。刑天舞干戚，猛志固常在。"有志的人已经深深地明白：人有志则明，人有志则智，人有志则强，人有志则专，人有志则韧。我们在前面所讲的李伟能够取得成功，就在于他具备了这四种精神。可见，立志对一个人的成长、对事业的发展是何等重要。

无独有偶，詹天佑修筑京张铁路的成功也是他树立远大志向、成就自己辉煌人生的结果。清朝末年，当清政府决定修京张铁路时，外国工程师声称，如果离开了他们，中国要想修建京张铁路是不可能成功的，并且断言："要走这条路，只能永远骑骆驼。"在听了这样的断言之后，詹天佑挺身而出，他不相信离开了外国工程师，中国就修建不了京张铁路。他勇敢地承担起修建京张铁路的重担，立志依靠自己的力量在祖国的大地上铺出一条路来。当他决定京张铁路要通过尽是悬崖峭壁的吴沟地区时，外国工程师又惊奇地说："中国能修筑吴沟铁路

第三章 让努力，照亮你未来的路

的工程师还没有出生呢！"但是，有着强烈爱国心和自信心的詹天佑，大志既立，不怕冷嘲热讽，迎难而上。这条原计划用6年时间修建完的铁路，在詹天佑和中国工人的努力下，只用了4年时间就修建完工通车了，而且工程费用还结存了28万余两银子。这是第一条中国人自己修的铁路，它长了中华民族的志气，同时，也是詹天佑志向的成功。正是这坚定的志向，证明了詹天佑顽强的毅力和必胜的信心。

可见，一个人只要立了远大的志向，没有什么是做不成的，这正如李伟说："一个人的志向决定了他人生的高度。只要一个人具备了这种高度，就能够激发一往无前的勇气和争创一流的精神。"

目光放远一些

> 不要总是因为考虑长远的打算而忽略了随时可付出的努力!

1938年,当本田宗一朗还是一名学生的时候,他就变卖了自己的家产,全身心地投入到自己认为理想汽车活塞环的研发事业之中,他为什么要这样做呢?因为他要用成功去证明早已蕴藏在内心深处的恒心和勇气的力量将给他带来什么样的变化。

他在不断地制造产品,夜以继日地工作中,如果非常累了,就倒头睡在工厂里。经过一段时间的研制后,产品终于制造出来了,当产品运到丰田公司去的时候,却被认为产品质量不合格而被退了回来。面对这样的情况,本田宗一朗为了获取更多的知识，重回学校苦修两年。这期间，他经常因为自己的设计而被老师或同学嘲笑，并被认为不切实际。

但是，本田宗一朗并没有因为这些嘲笑与打击而退缩，而是无视这一切带给他的痛苦，仍然咬紧牙朝着目标前进，终于在两年之后取得了丰田公司的购买合同，完成了他长久以来的心愿。但这一切并不是一帆风顺的，他又碰上了新问题。当时因为日本政府发起第二次世界大战，一切物资吃紧，禁卖水泥给他建造工厂。

面对这种局面，本田宗一朗该怎么办呢？是放弃还是继续前进呢？是面对现实的打击就此一蹶不振，还是迎难而上呢？本田宗一朗并没有因此被吓倒，他没有另谋他途，而是开动脑筋，和工作伙伴一起研究新的水泥，最后用这种新研究出的水泥制造方法，建好了他们的工厂。

在第二次世界大战期间，他所建立的这座工厂也没有摆脱战争带来的重创，美国空军曾两次对他的工厂进行轰炸，毁掉了大部分的制造设备。本田宗一朗是怎么面对这一切的呢？他立即召集了一些工人，去捡拾美国飞机所丢弃的汽油桶，作为本田工厂制造用的材料。

在遭受美国空军的袭击之后,又碰上了地震,整个工厂被夷为平地。这时,本田宗一朗不得不把制造活塞环的技术卖给丰田公司。

本田宗一朗实在是个了不起的人物,无论面对怎样的困境,他都是一个知道自己应该如何走向成功的人。他知道,自己要走向成功,除了要有过硬的技术之外,还必须对所做的事具备坚定的信心和毅力。他知道二者缺一不可,只要缺少了其中一个要素,他都会走向失败。所以在研制汽车活塞的过程中,他不断尝试并多次调整方向,虽然目标还杳无踪影,但始终没有气馁,仍然坚持不懈地努力着,拼搏着,奋斗着!

第二次世界大战结束后,日本遭受了严重的汽油短缺,本田宗一朗根本无法开着车子出门去买家里所需的食物。在极度沮丧的情况下,他不得不试着把马达装在脚踏车上。他知道如果成功,邻居们一定会央求他给他们装部摩托脚踏车。果不其然,他装了一部又一部,直到手中的马达都用光了。他想道,何不开一家工厂,专门生产所发明的摩托车?可惜的是,他手

第三章 让努力，照亮你未来的路

里缺乏资金。

一如既往的，他决定无论如何也要想出个办法来，解决摆在面前的困难。经过一段时间的思考后，他决定求助于日本全国18000家脚踏车店。他给每家脚踏车店用心写了封言辞恳切的信，告诉他们如何借着他发明的产品，在振兴日本经济上扮演一个角色。结果说服了其中的5000家，凑齐了所需的资金。然而当时他所生产的摩托车既大且笨重，只能卖给少数硬派的摩托车迷。为了扩大市场，本田宗一朗动手把摩托车改造得更轻巧，一经推出便赢得满堂彩，因而获颁"天皇赏"。随后他的摩托车又外销到欧美，赶上了战后的婴儿潮消费者，20世纪70年代本田公司开始生产汽车并获得佳绩。

到如今，本田汽车公司在日本及美国共雇有员工超过10万人，是日本最大汽车制造公司之一，其在美国的销售量仅次于丰田。

所以，把你的目光放远大些，没有哪个人或企业是因为短视而成功的。成功和失败都不是一夜造成的，而是一步一步积累的结果。不要忘了自己的目标，不要因为眼前的不利情况而放弃了努力。什么时候都要相信自己，把目光放远些，努力地坚持下去。

从本田宗一朗的成功中我们可以看出，世界上的伟人从小起无不具有远大的理想，正是在这种志向的激励下，通过努力而作出了自己的成就。没有一个高远的志向，没有一个长远的考虑，要想作出一番骄人的事业，只能是一种梦想。这正如该定律向我们展示的一样：不要总是因为考虑长远的打算而忽略了随时可付出的努力，这种努力是循序渐进的，正如罗马不是一天建成的一样。

有些人误以为自己能一步登天，一口吃成个胖子，所以常梦想一举成名，在一夜之间成为超级大富翁，然后又在一夜之间成为名扬天下的成大事者。实际上，这是不可能的。一是由于能力不够；二是由于成大事者必须经过长久磨炼。因此，真正的成大事者善于化整为零，善于从大处着眼、从小处着手。也就是说，只要我们有了自己的长远考虑，只要每天一点一点地做下去，总有一天，奇迹也会在我们的手中诞生。接下来我给大家讲的这个件事就是最好的证明。

雷因是一个成功的地产商，有一段奇特的经历最令他难

第三章　让努力，照亮你未来的路

忘。雷因25岁的时候，因为失业而忍饥挨饿，他白天就在马路上游荡，目的只有一个，躲避房东向他催要房租。

一天，他在42号街上碰到著名歌唱家夏里宾先生。雷因在失业前曾经采访过夏里宾。但是没想到的是，夏里宾竟然一眼就认出了他。"很忙吗？"夏里宾问雷因。

雷因含糊地回答了他，心想他看出了自己的遭遇。

"我住的旅馆在第103号街，跟我一同走过去，好不好？"

"走过去？但是，夏里宾先生，60个路口，可不近呢？"

"胡说，"他笑着说，"只有5个街口。"雷因无法理解夏里宾这样的回答。

"是的，我说的是第6号街的一家射击游艺场。"

这话有些答非所问，但雷因还是顺从地跟他走了。

到达射击场，夏里宾先生说："现在，只有11个街口了。"

不多一会儿，他们到了卡纳奇剧院。

"现在，只有5个街口，就要到动物园了。"

又走了12个街口，他们在夏里宾先生住的旅馆前停了下来。

奇怪的是，雷因并没感到太疲倦。

夏里宾给雷因解释为什么没有感到疲惫的理由。

"今天走的路，你可以常常记在心里。这是生活艺术的一个教训。无论你的目标有多远，只要你循序渐进地去努力，最后就会实现你的梦想，走向成功。"

我们从这个故事里得到了什么启发呢？正如夏里宾在故事的最后告诉我们的一样，只要我们循序渐进、始终不渝地去做一件事，就会取得成功。在我们的生活中，有些人看上去好像是一举成功的，但如果你仔细研究他们的经历，会发现他们以前就已经奠定了牢固的基础。那些像泡沫式成功的人，永远是靠不住的，他们没有任何牢固的基础，最终会轻易地失去一切。

第三章 让努力，照亮你未来的路

明白自己要做什么

人生就像一场在舞台上的表演，可以随时开场，也可以随时谢幕，关键是你选择表演，还是选择躲避。

美国百货大王梅西就是一个很好的例子。梅西1882年出生于波士顿，长大成人后，他就开始出海体验生活，后来开了一个小杂货铺，卖些针线。铺子很快就倒闭了，但梅西并没有被困难所吓倒，一年后，他又另外开了一家小杂货铺，最后仍以失败告终。

在淘金热席卷美国时，梅西在加利福尼亚开了个小饭馆，本以为供应淘金客膳食是稳赚不赔的买卖，岂料多数淘金者一无所获，什么也买不起，这样一来，小铺又倒闭了。

回到马萨诸塞州之后，梅西满怀信心地干起了布匹服装生意，可是这一次的生意在前期并没有给他带来好运。在经过了一年的努力奋斗之后，他才开始时来运转，生意也才有了新的起色，规模逐渐扩大，甚至把生意做到了街上商店。后来又经过他的不断改革，终于在位于曼哈顿地区的梅西公司成了世界上最大的百货商店之一。

所以，在人的一生中，随时都可能遇到无奈、坎坷、曲折、失败等，关键就要看我们如何去对待。看看那些跌倒了又爬起来、掸掸身上尘土再努力拼搏的人，由于他们具备了在逆境中从不气馁、继续奋斗的勇气，最后才走向了成功。

梅西的创业经历就告诉了我们一点，当你失败时，不要选择躲避，只要你敢于表演，成功最终会属于你。这也是本条定律对我们的告诫。所以，在我们的人生历程中，每个人都应该知道自己该去做些什么，尤其是在我们追寻自己的事业发展时，更要明白自己该如何看待我们自己的事业？如果在逆境中我们失去了继续奋斗下去的勇气，那么我们就会从此一蹶不振；但如果我们抓住希望永不放弃的话，或许我们当中的每个人都终将会成为某个领域里的英雄。

世界上任何一个活生生的人，不管他的背景如何，是政治家、历史名流，还是普通人，都有自己的弱点和缺点，不会十全十美，不会不犯错误。但他们为什么能够成为世界名流呢，主要是他们明白要做什么。按照他们的话来说就是"你可以有别的选择，你目前的事业也许适合你，但是请针对你目前和未来的生活，找到自己真正想要做的"。

这就是说，不论我们做什么工作，都要明白自己最适合达到什么目标，并且是在整体生活中思考。毕竟在我们的生活中，如果只有晴空丽日而没有阴雨笼罩，如果只有幸福而没有悲哀，如果只有欢乐而没有痛苦，那么，这样的生活根本就不是生活，至少不是人的生活。一个理智的、达观的人会渐渐地懂得，对生活不要期望太高，即便是坦途也同样充满着各种各样的困难。面对困难时，我们要相信自己，要选择去勇敢面对。

如果你发现自己身陷一个前景暗淡的处境时，通常会怎么办呢？你会更加努力，想用更长的时间、更多的精力来加以扭转，或许成功的秘诀就是，一刻不停地拼命工作，把工作做得比别人好，名望和财富自然会来到自己身边。

这是真实的答案吗？不是，只有你知道自己最喜欢什么和最擅长什么，才能对自己有一个合理的定位。如果选择了一条不适合自己的道路，走上了一个自己不适合的岗位，再努力地工作，也很少会通往成功之路。干得更加聪明，才是更好的办法。

我们知道，一个人要成功必须忠实于自我，正确地认识自我，勇敢地成为你自己。尼采曾经说过："聪明的人只要能够认识自己，便什么也不会失去。"一个人只有正确地认识自己，正确地认识自己的优点和缺点，将自己的好习惯培养起来，这样可以激发出潜藏在内心深处的潜能，去挑战一切有助于自己发展的事情。

只有正确地认识自己，我们才能去面对一个个挑战。在我们想成功的时候，我们就会试着去改变某些事，我们就会真正地明白：过去不等于未来，过去自己成功了，并不代表未来还会成功；过去挫败了，不代表未来也会有挫败。过去的成功或是挫败，那只代表过去，决定未来的关键因素是现在。只有我们马上开始行动，我们就能创造明天的辉煌。只要我们拒绝了犹豫不决的干扰，我们就会认识到现在干什么，选择什么，就决定了未来是什么！

所以，我要对大家说：失败的人不要气馁，成功的人也不要骄傲。成功和失败都不是最终结果，它只是人生过程中的一个事件。因此,这个世界上不会有永远成功的人,也没有永远失败的人,只要能够认识自我,我们就能做一个最好的人。

不轻言放弃

> 我们不管从什么时候开始，重要的是开始之后就不要停止。

我们知道松下幸之助是日本松下电器公司总裁，可他的成功同样经历了种种磨难。他出生于一个生活非常贫困的家庭，当他长大到成人时也没有改变这种贫穷的状况，一家人的生活必须靠他一人来维持。

有一次，瘦弱矮小的松下到一家电器工厂去找工作，当他走进这家公司人事部门的时候，负责人看到松下衣着肮脏，又瘦又小，心里就产生了排斥。当松下向他说明了来意，请求给安排一个哪怕是最低的工作时，这位负责人更是觉得松下不是他想要的那种人，但又不能直说，于是，就找了一个理由：我们现在暂时不缺人，你一个月后再来看看吧。这本来是个托词，但没想到一个月后松下真的来了。那位负责人又推托说此刻有事，过几天再说吧。隔了几天松下又来了……如此反复多次，这位负责人干脆说出了真正的理由："你这样脏兮兮的是进不了我们工厂的。"于是，松下幸之助回去借了一些钱，买了一件整齐的衣服穿上又返回来。这人一看实在没有办法，便告诉松下幸之助："关于电器方面的知识你知道得太少，我们不能要你。"两个月后，松下幸之助再次来到这家公司，说："我已经学了不少有关电器方面的知识，您看我哪方面还有差距，我一项一项地来弥补。"

这位人事负责人听松下幸之助如此说，盯着看了他半天，然后说道："我干这行几十年了，头一次遇到像你这样来找工作的。我真佩服你的耐心和韧性。"结果松下幸之助的毅力打动了这位主管，他终于同意松下幸之助进入这家工厂工作。后来松下又以超人的毅力锻炼成为一个非凡的人物。

人生就是一个不断与失败较量的过程，只要我们面对失败时，永不放弃，成功就会属于我们，不信看看这句话：什么东西比石头还硬，或比水还软？然而软水却穿透了硬石，这是为什么？就是因为我们能够永不放弃、坚持不懈而已。

当我们记住这些成功誓言的时候，同时也要明白，坚持着做不是手段，在我们的成功之旅中，往往发挥着重要的作用，不轻言放弃也许就是我们走向成功的第一步。因为"永不放弃"是一种不达目的不罢休的精神，是一种对自己所从事的事业的坚强信念，也是高瞻远瞩的眼光和胸怀。它不是蛮干，不是赌徒的"孤注一掷"，而是在通观全局和预测未来之后的明智抉择，更是一种对人生充满希望的乐观态度。在山崩地裂的大地震中，不幸的人们被埋在废墟下。没有食物，没有水，没有亮光，连空气也那么少。一天，两天，三天……还有生存下去的希望吗？有人的丧失了信心，他们很快虚弱下去，不幸地死去。而有些人却不放弃生的希望，坚信外面的人们一定会找到自己，救自己出去。他们坚持着，哪怕是在最后一刻……结果，他们创造了生命的奇迹，他们从死神的手中赢得了胜利。

故此，当我们面对困难时，绝不要轻易放弃，只要我们再坚持一下，我们就能变困境为顺境，就能创造出人生的奇迹，这就像被称为西方商业圣经《世界上最伟大的推销员》中的前言部分所写："我绝不考虑失败，我的字典里不再有放弃、不可能、办不到、没法子、成问题、失败、行不通、没希望、退缩……这类愚蠢的字眼。我要尽量避免绝望，一旦受到它的威胁，立即想方设法向它挑战。我要辛勤耕耘，忍受苦楚。我放眼未来，勇往直前，不再理会脚下的障碍。我坚信，沙漠尽头必是绿洲。"

像这样的事例真的非常令人感动不已。丘吉尔一生最精彩的演讲，也是他最后的一次演讲，也是和永不放弃有着密切联系的演讲。在剑桥大学的一次毕业典礼上，整个会堂有上万个学生，他们正在等候丘吉尔的出现。正在这时，丘吉尔在他的随从陪同下走进了会场并慢慢地走向讲台，他脱下他的大衣交给随从，然后又摘下了帽子，丘吉尔只说了一句英文，而他说的这句英文的中文意思就是：永不放弃。丘吉尔说完这句话后穿上大衣、带上帽子离开了会场。这时整个会场鸦雀无声，一分钟后，掌声雷动。人们到此时才明白了永不放弃的意义，它向我们展示的是生命的奖赏远在旅途终点，而非起点附近。我们不知道要走多少步才能达到目标，踏上第一千步的时候，仍然可能遭到失败，但成功就藏在离我们只有一步之遥的地方。

只要我们再前进一步，就能找到它。如果没有用，就再向前一步，我们就一定能够到达成功的巅峰。在这个过程中，我们每次进步一点点，事实上并不太难。

所以，从今往后，我们要承认每天的奋斗就像对参天大树的砍伐一样，头几刀可能了无痕迹。每一刀看似微不足道，然而，累积起来，参天大树终会倒下。唯有经得起风雨及种种考验的人，才是最后的胜利者。因此，如果不到最后关头就决不言弃，永远相信：成功者不放弃，放弃者不成功。

第三章 让努力，照亮你未来的路

做生命中的第一

　　力量必须从自己身上寻找，你终究会发现：你是真正的强者！

　　日本在第二次世界大战后受经济危机的影响，失业人数陡增，工厂效益也很不景气。一家濒临倒闭的食品公司为了起死回生，决定裁员三分之一。有三种人名列其中：一种是清洁工；一种是司机；一种是无任何技术的仓管人员。这三种人加起来有30多名。经理找他们谈话，说明了裁员意图。

　　清洁工说："我们很重要，如果没有我们打扫卫生，没有清洁优美、健康有序的工作环境，你们怎么能全身心地投入工作？"

司机说:"我们很重要,这么多产品没有司机怎么能迅速销往市场?"

仓管人员说:"我们很重要,战争刚刚过去,许多人挣扎在饥饿线上,如果没有我们,这些食品就有可能被流浪街头的乞丐偷光!"

经理觉得他们说的话都很有道理,权衡再三决定不裁员,重新制定了管理策略。最后经理在厂门口悬挂了一块大匾,上面写着:"我很重要。"

自从经理挂出这块大匾之后,每当职工来上班时,第一眼看到的便是"我很重要"这四个字。不管一线职工还是白领阶层,都认为领导很重视他们,因此工作也很卖命,这句话调动了全体职工的积极性,几年后公司迅速崛起,成为日本有名的公司之一。

每一个人都是世界上独一无二的,只要我们能够主宰自己的命运,我们将无所不能,我们就能够做生命中的第一。这就是说,我们每个人都有其存在的理由和存在的价值。我们要坚持我们是很重要的,如果我们自己都不相信自己,看不起自

第三章 让努力，照亮你未来的路

己，我们怎么能够脱颖而出呢！

所以，这也正是力量定律向我们展示的生命的意义就在于：我的命运我主宰！在我们的人生历程中，这是何等豪迈的气势！每个人在成长奋斗的过程中都要面临外在的条件和环境以及重重困难。这些条件和环境可能不同，甚至相差万里，但是每个人成长面临的困难归根结底却是十分类似。

有一次，一位朋友向我问起李其云这个人如何时，我对那位朋友说："李其云在小时候曾经是一个木讷的孩子，他家里经济拮据，有时连学费都交不起，但他并没有被困难所吓倒，也并没有因此而怀疑自己的能力。他坚定地相信，自己拥有别人不具备的潜能和优势，只不过暂时还没有发挥出来罢了。"

李其云的自信不断鼓励着他勤奋学习、积极进取。事实证明，这种自信可以帮助他最大限度地发挥自身的潜能，在高二的时候，他就参加了全国数理化的联赛，并取得了好的成绩。更难得的是，他虽然在高中学的是理科，但在文学方面也取得了令人瞩目的成绩，同样是在高二，他先后发表了许多的文章，并获得全国诗歌大赛特等奖，后来被评为全国优秀文艺工作者。李其云在取得如此骄人的成绩后，并没有心浮气躁，反而加倍地努力，从而在出版专著方面业绩非凡。

李其云的成功鼓舞了很多人，但他却非常谦虚地对自己说："是的，我是比别人向前迈进了一步，但这只是万里长征刚开始迈出的第一步。"即便是在后来的创业过程中，他经历了失败，经历了别人的打击，可还是对自己说："我会成功的，我的命运我主宰，我会执着地为了我的人生目标而奋斗的。"

由此可以看出，一个人只要勇于让自己的人生不再平凡，立志让自己摆脱困境，走出平庸，那么，他就会为自己创造一个极好的机会。

贝多芬学拉小提琴的时候，技术并不高明，他宁可拉他自己作的曲子，也不肯作技巧上的改善。他的老师说他绝不是个当作曲家的材料。

发表《进化论》的达尔文当年决定放弃行医时，遭到父亲的斥责："你放着正经事不干，整天只管打猎、捉狗捉耗子。"另外，达尔文在自传中透露："小时候，所有的老师和长辈都认为我资质平庸，我与聪明是沾不上边的。"

爱因斯坦4岁才会说话，7岁才会认字。老师给他的评语是："反应迟钝，不合群，满脑袋不切实际的幻想。"他曾遭

到退学的命运。

我在前面讲过的李其云在上初中时数学老师曾对他说："你这样腼腆，你将来的生活如何照顾。你写的东西是如此的乱七八糟，还想出书，简直是做梦。"

《战争与和平》的作者托尔斯泰读大学时因成绩太差而被劝退学。老师认为："他既没有读书的头脑，又缺乏学习的兴趣。"

如果这些人被他人的评价所淹没，怎么能取得如此瞩目的成绩。所以，我们在看待自己或别人时，一定不要抱怨自己的成长特别难，而别人的成长却特别容易。其实区别就在于，有些人面对困难和挫折的时候，反而会越战越勇，在他们看来，成功只是一个既简单又复杂，既平实又玄妙的字眼。在浩瀚的历史长河里，东西方的无数先贤为了悟透成功的真谛而皓首穷经；在纷繁的现代社会中，一代又一代的年轻人为了追求世俗理想，抑或是有个性的成功而奔波忙碌。但他们却很少停下来想一想那些成功者是如何做得更好，如何使自己走向成功巅峰的。

吃得起苦，才能成功

> 忍别人所不能忍的痛，吃别人所不能吃的苦，是为了收获得不到的收获。

新华联集团的当家人傅军认为，吃苦精神是他成功的核心素质之一，"要是没有吃苦精神，没有这种付出，你不可能成功。成功与不成功之间就隔了一层薄纸，成功者是遇到困难能继续想办法解决，不成功者是遇到困难就退缩了"。

"我吃得了苦，从小到大都是这样。我现在坦率地告诉你，我吃了16年的红薯饭，只有过年的时候才有点白米饭。"

傅军在17岁时失去了父亲，那时他离高中毕业还有四五个月。他的母亲因为悲伤和劳累，身体也不太好。而姐姐在很

第三章 让努力，照亮你未来的路

远的一个地方上班，家里还有两个妹妹和两个更小的弟弟要照顾。可以说，家里的生活重担基本就落到了傅军一个人身上。

那几年傅军一边参加工作，一边维持家里。可"屋漏偏逢连夜雨"，不幸和灾难接踵而至，先是一个弟弟去世了，之后，家里的房屋因年久失修而倒塌了两间。这些事情都要傅军一个人承担。

那时傅军当公安特派员，每个月的工资是31块，至少有20块拿来贴补家用。"那时在公社吃饭，人家一顿吃两毛三毛，我只吃一毛钱。家里冬天烧煤要我自己拉回去，吃的粮也要我供应。我的一件草绿色的衣服，一件破棉袄，大概穿了6年时间，那是我父亲留下来的。一直到我当茶山岭党委书记的时候还穿着。"

他继续说道："我跟我太太结婚的时候是1982年，当时我们结婚只花了20块钱。床是用马钉自己钉的，买了二三十斤苹果和几斤糖就办了个婚礼。当时家里最值钱的就是一台几十块钱的风扇。"

"普遍的情况是，只有吃过苦、经过磨难的人才能成功。"

人们常说：辛勤耕耘，必有收获。曾国藩是中国近代史上最有影响力的人物之一，可是他小时候天赋却不高。有一天，他在家读书，对一篇文章不知重复读了多少遍，还是记不住，只好不停地读下去。有一个贼一直潜伏在他的床底下，希望等读书人睡觉之后捞点儿好处。可是等啊等，就是不见他睡觉，还是翻来覆去地读那篇文章。贼人大怒，跳出来说："这种水平读什么书？"然后将那文章背诵一遍，扬长而去！

贼人是很聪明，至少比曾先生要聪明，但是他只能成为贼，而曾先生却成为毛泽东主席都钦佩的人："近代最有大本大源的人"。

"勤能补拙是良训，一分辛苦一分才。"那贼的记忆力真好，听过几遍的文章都能背下来，而且很勇敢，见别人不睡觉居然可以跳出来"大怒"，教训曾先生一顿，还要背书，然后扬长而去。但是遗憾的是，他名不见经传，曾先生后来起用了一大批人才，按说这位贼人与曾先生有一面之交，大可去施展一二，可惜他的天赋没有加上勤奋，变得不知所终。

所以，伟大的成功和辛勤的劳动是成正比的。有一分劳动，就有一分收获。日积月累，从少到多，奇迹就可以创造出来。

第三章 让努力，照亮你未来的路

哈默曾经说过："幸运看来只会降临到每天工作14小时，每周工作7天的那个人头上。"他是这么说的，也是这么做的。直到现在，90多岁的他仍坚持着每天工作10多个小时的习惯，他说："这就是成功的秘诀。"

巴菲特认为，培养良好的习惯是很关键的一环。一旦养成了一种不畏劳苦、敢于拼搏、锲而不舍、坚持到底的劳动品性，则无论我们干什么事，都能在竞争中立于不败之地。古人云："勤能补拙是良训。"讲的也就是这个道理。

以辩才出名的罗伯特·皮尔正是由于养成了反复训练、不断实践这种看似平凡、实则伟大的品格，才成了英国参议院中杰出、辉煌的人物。当他还是一个小孩的时候，父亲就让他尽可能地背诵一些周日训诫。当然，起先并无多大进展，但天长日久，滴水穿石，最后他能逐字逐句地背诵全部训诫内容。后来在议会中，他以其无与伦比的演讲艺术驳倒他的政敌。但几乎没有人能猜测到，他在论辩中所表现出来的惊人记忆力，正是他父亲以前严格训练的结果。

在一些简单的事情上，反复不断地磨炼确实会产生惊人的结果。拉小提琴入门容易，但要达到炉火纯青的地步需要花费多少辛劳的反复练习啊！有一个年轻人曾问卡笛尼学拉小提琴要多长时间，卡笛尼回答道："每天12个小时，连续坚持12年。"

查理·帕克尔是爵士乐史上一位了不起的音乐家。他曾经在坎萨斯城被议论认为是最糟糕的萨克斯演奏者。在长达三年的时间里，他的境况糟透了。他甚至连一家愿为他试演的剧院都找不到。他在逆境中拼搏，通过每天11~15个小时的刻苦练习，三年后，他的独奏变得非常的轻盈。炉火纯青的技巧终于使他开创了一种前无古人、后无来者的音乐风格。

俗话说："勤奋是金"。一个芭蕾舞演员要练就一身绝技，不知道要流下多少汗水、饱尝多少苦头。其中，一招一式都要经过难以想象的反复练习。著名芭蕾舞演员泰祺妮在准备她的夜晚演出之前，往往得接受她父亲两个小时的严训。歇下来时真是筋疲力尽！她想躺下，但又不能脱下衣服，只能用海绵擦洗一下，借以恢复精力。舞台上那灵巧如燕的舞步，往往令人心旷神怡，但这又来得何其艰难！台上一分钟，台下十年功！

一点儿进步都是来之不易的，任何巨大的财富都不可能让你唾手可得。千里之行，始于足下。不积跬步，无以至千里；不积小流，无以成江海。

李嘉诚说道："耐心和毅力就是成功的秘密。"是的，没有播种就没有收获，光播种，而不善于耐心地、满怀希望地耕耘，也不会有好的收获。最甜的果子往往是在成熟时！

我们也都知道"勤能补拙"，"勤奋可以创造一切"这样的道理。可我们究竟有多少人从中受到了启发？我们依旧在工作中偷懒，依旧好逸恶劳，甚至有人把工作当成是一种惩罚，这样的工作态度，可能有成就吗？要想在这个人才竞争日趋激烈的职场中立于不败之地，唯有依靠勤奋——认真地完成自己的工作，并在工作中不断进取。

给自己树立一面旗帜

> 有志者自有千计万计,无志者只感千难万难。

罗杰·罗尔斯出生在纽约声名狼藉的大沙头的贫民窟。对于在这个地方出生的孩子,长大之后很少有人能获得较体面的职业。然而,罗杰·罗尔斯算得上是个例外,他不仅考入了大学,还成为纽约历史上第一位黑人州长。在他就职的记者招待会上,罗尔斯对自己的奋斗史只字未提,他仅说了一个非常陌生的名字——皮尔·保罗。后来人们才知道,皮尔·保罗是他上小学时候的一位校长。

皮尔·保罗是在1961年被聘为诺必塔小学的董事兼校长的,那个时候正赶上美国嬉皮士流行。当他走进大沙头诺必塔

第三章 让努力，照亮你未来的路

小学校园的时候，发现这里的穷孩子比"迷惘的一代"还要无所事事，一点儿也不和老师合作，不仅旷课、斗殴，还经常砸烂教室的黑板，胆大者竟然公开和老师作对。其中，罗杰·罗尔斯就是最突出的一个典型。

有一次，当罗尔斯从窗台上跳下，伸着小手走向讲台时，皮尔·保罗对他说："我看你修长的大拇指就知道，将来你是纽约州的州长。"当时，罗尔斯大吃一惊，因为长这么大，只有他奶奶让他振奋过一次，说他将来能当上5吨重的小船的船长。而此次，皮尔·保罗先生居然说他可以成为纽约州州长，真是超过他的想象。他记下了这句话，并且相信自己能够实现这句话。

从此以后，纽约州州长如同一面旗帜引领着他。他不再让衣服沾满泥土，他不再说话时夹杂污言秽语，他开始昂首阔步走路。很快，他成了班主席。在以后的40年间，他一直按州长的身份要求自己。51岁那年，他也真的成了州长。

我们要想成功，就必须做一个有志的人，必须正确地对待自己，我们要在一成不变的生活当中了解并找到自己想要的东西。同时，我们还要明白，在生活中，我们不能把希望寄予别人。俗话说：靠天靠地不如靠自己，自己的道路自己走，只有为自己奋斗，才能为自己创造发展的机会、成功的机会。但在这个过程中，我们应该承担起自己应该承担的责任，只有为自己负责，为社会负责，我们才能骄傲地说，我已经正确地对待自己了！

在我们的生命中，我们有多少次已经触摸到了某种巨大的力量却没有认出它？有多少次这种巨大的力量就握在我们手中，而我们却把它扔掉了？有多少次它就出现在我们眼前可以为我们创造奇迹，我们却对它熟视无睹。为什么会出现这种现象呢？对我们而言，因为我们没有正确地对待自己，使我们在生活中轻易地形成了一种随手扔掉的习惯，最终使一个个成功的机会与我们擦肩而过。三年前，我在国防大学听李其云作报告，他在报告中说：

亲爱的朋友们，当我在1997年创办自己的企业的时候，手里只有刚领到的几千元工资，甚至连租房的地方都找不到，但我秉承着把企业做大、做强的心愿，对自己的发展目标充满信心。我相信，只要努力，持之以恒，不言失败，对自己的追求永不放弃，我一定会把自己的企业做到同行业的前例。

第三章 让努力，照亮你未来的路

在不到两年的时间里，经过我与我的团队不懈努力，我的企业成了咨询界前几名的企业，为联想集团、红塔集团、IBM、微软等数十家企业作了战略规划。在2000年，我们公司取得了长足发展，并进入了一些相关领域。

2001年，为了实现我的人生目标，我放弃了自己一手创办的这家咨询企业，我回到老家创办了自己的农业研究基地，并带领我的科研人员不断在新的领域探索。我放弃了北京的咨询企业之后，尽管承受了不同的非议，但我相信，我能放弃一个账上现金还有数百万、资产过千万的公司是需要一种勇气的。但我坚信，我为了更大的追求，放弃眼前利益，追求长远发展是值得的。

回想当初创业的时候，我每一天都带着无比兴奋和无限憧憬的心情去工作，每一刻都让我获益匪浅。那时我总是对自己说，有些人遭受了多次的打击和挫败，就会丧失奋发向上的激情，就会自我压制拼搏的欲望，同时封杀自己的信心和勇气，于是挫败的心理就由此产生了。但是，我不能这样，为了未来我必须努力，必须正确地对待自己。

曾记得有一次我回到母校进行演讲，从师弟师妹们的身上，我看到了朝气与活力，也看到了不安和躁动。我希望自己的成长经历和成功经验，可以为我的师弟师妹们，甚至是更多的年轻人提供思想和方法上的帮助，就是这份责任感驱使着我，于是我出版了第一本校园小说《青山依旧在》。后来，我走上了创作道路，陆续出版了《中关村风云》《如何造就中国的微软》《智慧至上》《超越企业再造》等。这些图书的出版已经影响了众多有志于创业的年轻人。

当然，我们还是要看到，一个人才的造就取决于环境、时代、个人的毅力和智慧等多方面的因素。以自己来说，很重要的一点就是要正确地对待自己，要有一个正确的定位，要把自己定位在具有毅力的基础上。只有有毅力的人，才能充分地掌握和运用机会。

李其云的演讲使我感慨颇深。在生活中，只有我们认识到自己的积极心态，才能创造奇迹。在这个世界上，最重要的人就是我们自己。只要我们具备一种积极向上的思想、渴望成功的动力，我们就能不断取得成功。生活中，大多数人都知道自己想要什么，但由于生活的变化无常，使自己变得麻木、呆板，潜藏在内心深处的能力得不到发挥。当生命不断前行的时候，一个人可能会一次又一次地处于逆境中，只要我们面对这些逆境，在情绪上作出一点儿改变，就会感到快乐，就会产生一种意识：尽管人生是艰难的，但一切都会过去；尽管人生就是战斗，但我们最终会成为赢家。在这样的信念驱使下，我们就会发现：一个充满积极能量的人在面对困难时，没有理由轻视自己的生命，他应该积极地面对人生，应该相信自己能够实现渴望的一切。只要我们能够正确地对待自己，一切就在我们的掌握之中。我们只要相信能够得到某些东西，并且产生一种强烈的渴望甚至冲动，经过努力，就会走向成功。

第四章 不放弃的毅力

第四章　不放弃的毅力

给自己搞个试点

> 欲望以提升热忱，毅力以磨平高山。

不久前，我去听一场名为"人生价值为何物"的报告会，报告者给我们讲了这样一个故事：在很早很早以前，某大城市里有一个年轻人叫高士落，他曾经在某本刊物上读了一段话，这段话是这样说的："假如我的生命只有最后12年，请玉帝给我三次机会，让我去选择自己的生活。"在他读了这段话之后的当天夜里，他就梦到玉帝来到了他的身边，对他说："请你给我打份报告吧，我将会满足你的愿望，并且会在你的身上搞个试点，如果成功的话，我还会向全世界信仰我的人推广。"

这位年轻人听玉帝说完之后，然后就从梦中醒来了，接着他就给玉帝写了份报告,请求玉帝在他寻找伴侣一事上试一试。

玉帝看完高士落的报告之后,同意了他的请求,于是就让月老在高士落达到订婚年龄时,给他安排了一位绝顶漂亮的姑娘,姑娘也倾心于他,高士落感到非常理想,他们很快结成夫妻。

可是,高士落和这位姑娘生活了一段时间后,发觉姑娘虽然漂亮,可她在为人处世方面存在着严重的问题,有时竟然让高士落哭笑不得,到了最后,连他的家人也不愿意让他带着这位漂亮的姑娘回家了。面对这样的处景,他决定放弃这一次婚姻。

在他放弃第一次婚姻后,他又给玉帝打了第二份报告。玉帝看完报告之后,又让月老给高士落安排了第二位姑娘。这位姑娘除了绝顶漂亮以外,又加上绝顶能干和绝顶聪明,真让高士落高兴得不得了。可是也没多久,他发现这个女人脾气很坏,个性极强。聪明成了她讽刺高士落的法宝,能干成了她捉弄高士落的手段。他不像她的丈夫,倒像她的牛马,她的工具。高士落无法忍受这种折磨,就又给玉帝送去了报告。高士落在报告里说:"既然我有三次机会,请让我再作第三次选择吧!"

玉帝看完报告之后笑了,他又把月老叫来了,双方经过商

第四章 不放弃的毅力

量,决定给高士落第三次选择。

高士落第三次成婚时,妻子不但有上述的优点,脾气还特好。婚后两个人和睦亲热,都很满意。半年下来,不料娇妻患上重病,卧床不起,一张脸很快抹去了年轻和漂亮,能干如水中之月,聪明也一无是处,只剩下了毫无魅力可言的好脾气。

刚开始的时候,高士落还每天细心呵护,但时间一久,他开始动摇了。从道义角度看,他应该和她过完一生,但从生活的角度看,他这样做会给他带来痛苦,这毫无疑问是一种折磨。毕竟他的人生只有12年,更何况这12年已经过了一半的时间,剩下的时间无比珍贵,于是,他又试探性地给玉帝递上去一份报告。玉帝刚看到这份报告的时候,非常气愤,但一想到这是试点,而且高士落已经为此付出了代价,决定让他再作最后一次选择,这样也能让试点更进一步地达到尽善尽美。

得到玉帝的同意,高士落非常高兴,对于这难得的机会,他非常小心。于是他吸取了前几次的经验,最后终于选到了一位年轻漂亮能干温顺健康要怎么好就怎么好的漂亮女郎。他满意透了,正想向上玉帝报告成功的时候,这位漂亮女郎却不同意了,她要解除婚约,理由是她了解了高士落是一个朝三暮四贪得无厌的人,一个连病中人也不体恤的浪荡男人,觉得不值得她依靠。

面对这样的情况,高士落向玉帝报告了他的处境,玉帝听了也非常为难,但为了确保高士落的试点,他没有同意让漂亮女郎解除婚约。

漂亮女郎知道玉帝的决定之后,她也给玉帝递交了一份报告,她在报告里说:"我们许多人被高士落作了试点,如果试点是为了推广,难道我们就不能拥有选择的机会吗?这与现在倡导的男女平等不符合。"

玉帝看完报告后,也认为漂亮女郎说得有道理,最后同意漂亮女郎有自己的选择。当然,选择的结果是高士落被漂亮女郎抛弃在了一边。

看到这样的结果,高士落满脸迷惑地去找玉帝理论。玉帝听完高士落的诉苦之后,没有作任何评论,然后从书桌上拿出一本书递给高士落。高士落打开书一看,只见上面写着:"欲望不能没有休止,即使给你一百次选择,你也不会找到十全十

第四章 不放弃的毅力

美,人生同样会存在着遗憾!"

人是自然界最伟大的奇迹,一旦意识到自己的潜力,便会焕发出前所未有的生活热情和勇气。每个人都能成功,每个人体内都具备成功的潜能,尽情发挥这股力量,成功就会紧随而至。潜能是激发你成功的力量,你要在各方面挑战自己,相信只要真正地付出努力,理想一定会变为现实,在思想上、身体上、行为上、意识上都掌握迈向成功的策略,并且长久地保持这种状态,不断地采取行动,发挥自己所有的力量,释放内心无比的能量,就会开发出巨大的潜能,就会在瞬间改变生命,并且持久地带来变革,取得人生中想要的非凡成就!

所以,人们不仅要善于观察世界,也要善于观察自己。汤姆逊由于"那双笨拙的手",在处理实验室工具方面感到非常烦恼。后来他偏向于理论物理的研究,较少涉及实验物理,并且找了一位对实验物理方面有着特殊能力的助手,从而避开了自己的弱项,发挥了自己的特长。

珍妮·古多尔清楚地知道,她并没有过人的才智,但在研究野生动物方面,她有超人的毅力和浓厚的兴趣,而这正是干这一行所需要的。所以，她没有去研究数学、物理，而是到布里非洲森林里考察黑猩猩，终于成了一个有成就的科学家。

　　实际上，每个人都有很多优点和才能，这些优点便是你成功的关键。等到你清晰地看到自己的特长，确信能在什么方面取得贡献，你便开始迈向成功。相反，如果你看不出自己的优点和才能，便像个活生生被埋到坟墓里的人！

　　故此，一个人要想挖掘出自己的潜力，真正需要唤醒的是你自己。我们每个人都应当尽可能地去挖掘自身的潜能，激发自己的雄心壮志。因为潜能是导致我们成功或失败的重要原因。只要我们能够认识到这一点，我们就会自己寻问自己的行为是否对社会、对他人或对自己有益，是否能让一个人在自主选择的过程中，不断超越自己，并由此获得最大的快乐。当然，这一切都需要我们去不断地努力，只要我们每天多做一些，就是在开始进步，为自己不断地增加力量。就像举重一样，第一天我们拿较轻的，然后第二天稍微增加一点儿重量，我们就用这种不断增强力量的办法来帮助自己，直到我们能够对自己的人生操控自如。

　　从某种意义上说，人的潜能是十分巨大的，我们能做的远比我们想到的要多得多。所以，在自我发展方面，"你想什

第四章 不放弃的毅力

么，什么就是你"！加拿大心理学家汉斯·塞耶尔在《梦中的发现》一书里作出了一个十分惊人也极其迷人的估计：人的大脑所包容智力的能量，犹如原子核的物理能量一样巨大。从理论上说，人的创造潜力是无限的，不可穷尽的。所以，只要你愿意去开发，就能产生巨大的能力。在这里，我为大家提供潜能开发的四个必要步骤：

第一步，发挥自己的想象力，使自己能够把握每一个选择的机会，让自己能够自主地决定自己要做什么。只有这样，生活才是属于我们自己的，我们才能找到光明之路。

第二步，明白自己喜欢什么，不要把社会、家人或朋友认可和看重的事当作自己的喜爱，也不要简单地认为有趣的事就是自己的兴趣所在，而要亲身体验并用自己的头脑作出判断。

第三步，要充满激情。一个充满激情的人，无论自己正在从事的是简单的体力劳动还是高级的脑力劳动，都会毫不犹豫地认为，自己的工作是神圣的天职，从事这项工作是在追寻自己的兴趣和爱好。只有自己坚信能够得到某些东西，并且产生一种强烈的渴望甚至冲动，经过努力才一定会得到。

第四步，采取积极快速的行动，同时要明白，即使是简单的事情也要不断地去做，而这个做的前提就是我们要马上采取行动，要想成功就要立即行动。如果我们做任何事情都能立即行动，就能发挥出自己巨大的潜能。只有立即行动，才能正视自己心中无穷的宝藏。只有立即行动，我们才能采取大量而有效的行动，使我自己去渴望财富。此时渴望成功的动力比自己想象的还要伟大！

所以，要释放人的潜能，就需要进行潜能激发，让人进入能量激活状态。如果一个组织中所有成功的能量都处于激活状态，那么它可以带来核聚变效应。

潜能激发的前提是相信所有人都具有巨大的潜能，而且这些潜能还没有被释放出来。虽然人们可以通过自我激励来开发潜能，但更可靠、更适用的方法是通过外因的激发带来能量的释放。因为自我激励需要坚强的意志力，而外因的激活则是人的一种本能反应，而且它的激发本身带有一种竞技游戏的效果，这种效果可能激发起我们的雄心，并使我们在一瞬间看到希望，激发起无限潜力，去追求成功的足迹。这不是我在这里的假想，我们的生活中就有无数人是通过阅读一本激励人心的书，或者是阅读一篇感人至深的励志美文时，突然感到灵光一闪，蓦地发现了一个崭新的自我，从而走向成功。然而，我们中绝大多数人从来没有被唤醒过，他们一直处于沉睡之中，或

第四章　不放弃的毅力

者是直到生命走到了尽头，才会对自己的一生作出点滴认识，这样的人生，多么可悲呀！因此，当我们在生命如此多彩的时候，一定要对自身的潜能有一个清醒的认识，唯有如此，我们才可能有效地发掘出生命的潜力，从而最大限度地实现自我的价值。

做最好的自己

> 能量加毅力可以征服一切。

在很久很久以前，有两位名叫柏波罗和布鲁诺的年轻人，他们是堂兄弟，雄心勃勃，住在意大利的一个小村子里。两位年轻人是最好的朋友。他们是大梦想者，他们渴望有一天通过某种方式成为村里最富有的人。他们都很聪明而且勤奋。他们想他们需要的只是机会。

一天，机会来了。村里决定雇两个人把附近河里的水运到村广场的水缸里去。这份工作交给了柏波罗和布鲁诺。两个人都抓起两个水桶奔向河边。一天结束后，他们把整镇上的水缸都装满了。村里的长辈按每桶水一分钱的价钱付钱给他们。他

第四章 不放弃的毅力

们之中的布鲁诺大喊着:"我们的梦想实现了!""我简直无法相信我们的好福气。"但柏波罗不是非常确信。他的背又酸又痛,提大桶的那只手也起了泡。他害怕明天早上起来又要去工作。他发誓要想出更好的办法,将河里的水运到村里去。

柏波罗想到就要做到,他很快便制订出了计划,修建了一条管道将水从河里引进村里去。他刚一说出这个计划,布鲁诺却极力排斥,他认他们有一份很不错的工作应该满足了,每天提100桶水,如果一分钱一桶水的话,一天就可以挣1元钱,过不了多久,他就可以成为一个富人,去过心安理得的生活了。

但柏波罗不是容易气馁的人。他耐心地向他最好的朋友解释这个计划。柏波罗将一部分白天的时间用来提桶运水,用另一部分时间以及周末来建造管道。他知道,尽管修建管道很艰难,但他却知道如果管道修建好了,过不了多久就会产生可观的效益,更重要的是柏波罗相信他的梦想终会实现。就是在这样的一种信念下,他修建了管道。管道一完工,柏波罗便不用再提水桶了。无论他是否工作,水源源不断地流入。他吃饭时,水在流入。他睡觉时,水在流入。当他周末去玩时,水在流入。流入村子的水越多，流入柏波罗口袋里的钱也越多，最后他成了一名富有的人。

一位哲学家曾经告诉我们一个人在生活中是如何获得成功的。他说："财富、名誉、地位和权势不是测量成功的尺子，唯一能够真正衡量成功的是两个事物之间的比率：一方面是我们能够做的和我们能够成为的；另一面是我们已经做的和我们已经成为的。"

同样的，每个人的生活都会面临考验你的信仰和决心的挑战。然而，当挑战到来，就要全身心地投入到事业的挑战中去，不能有任何的停留，立即采取行动，去与困难作斗争。这样，无论我们在工作中遇到多大的困难，都会自始至终地用积极、理性的态度去对待，都会用坚定的决心和必需的勇气战而胜之。

巴顿将军有句名言："一个人的思想决定一个人的命运。"不敢向高难度的工作挑战，是对自己潜能画地为牢，只能使自己无限的潜能化为有限的成就。与此同时，无知的认识会使你的天赋减弱，因为懦夫一样的所作所为，不配拥有这样的能力。

第四章　不放弃的毅力

巴顿将军在校期间一直注意锻炼自己的勇气和胆量,有时不惜拿自己的生命当赌注。

有一次轻武器射击训练中,他的鲁莽行为使在场的教官和同学都吓出了一身冷汗。事情的经过是这样的:同学们轮换射击和报靶。在其他同学射击时,报靶者要趴在壕沟里,举起靶子;射击停止时,将靶子放下报环数。轮到巴顿报靶时,他突然萌生了一个怪念头:看看自己能否勇敢地面对子弹而毫不畏缩。当时同学们正在射击,巴顿本应该趴在壕沟里,但他却一跃而起,子弹从他身边嗖嗖地飞过。真是万幸,他居然安然无恙。

另一次是他用自己的身体作电击的试验。在一次物理课上,教授向同学们展示一个直径为12英寸长、放射火花的感应圈。有人提问:电击是否会致人死命。教授请提问者进行试验,但这个学生胆怯了,拒绝进行试验。课后,巴顿请求教授允许他进行试验。他知道教授对这种危险的电击毫无把握,但认为这恰是考验自己胆量的良机。教授稍微迟疑后同意了他的请求。带着火花的感应圈在巴顿的胳膊上绕了几圈,他挺住了。当时他并不觉得怎么疼痛,只感到一种强烈的震撼。但此后的几天，他的胳膊一直是硬邦邦的。他两次证明了自己的勇气和胆量。

"我一直认为自己是个胆小鬼，"他写信对父亲讲，"但现在我开始改变了这一看法。"

我们大家都知道巴顿将军毕业于西点军校，对西点学员来说，这个世界上不存在"不可能完成的事情"。不断挑战极限是每个学员的乐趣，只有超乎常人的困境才会让他们从中得到锻炼。而在现实生活中，我们只有具备一种挑战精神，也就是勇于向"不可能完成的事情"作挑战的精神，才是我们获得成功的基础。

当然，在挑战自我的过程中，我们要鼓足勇气，去做自己应该做的事，去充分发挥自己的才干、机智与能力，不以爬到山顶为最终目的，要能继续上进，永不休止，勇往直前，不怕失败，尽管经受人生中所有的艰难困苦，但永不言败，永不放弃，向自己挑战。如果我们具备了这种挑战精神，何愁不成功。看看那些颇有才学、具备种种获得上司赏识的能力的人为什么失败了，就是因为他们缺乏一种挑战的勇气。他们在工作中不思进取，随遇而安，对不时出现的那些异常困难的工作，不敢主动发起"进攻"，一躲再躲，恨不得避到天涯海角。他

第四章　不放弃的毅力

们认为：要想保住工作，就要保持熟悉的一切，对于那些颇有难度的事情，还是躲远一些好，否则，就有可能被撞得头破血流。结果，终其一生，也只能从事一些平庸的工作。

所以说，面对这样的人，我们能为他做些什么呢？我认为一个人一定要有自己的目标，要有信心，并且要有自己的价值观。只有这样，在挑战自我时，才能不断地问自己：我要去哪里？我现在的目标、信仰和价值观在哪里？现在它们要带我到哪里去？我是否正朝着我想要去的地方前进呢？如果我一直照着这样走下去的话，我最终的目的地是哪里呢？毕竟人生最大的挑战就是挑战自己，这是因为其他敌人都容易战胜，唯独自己是最难战胜的。有位作家说得好："把自己说服了，是一种理智的胜利；自己被自己感动了，是一种心灵的升华；自己把自己征服了，是一种人生的成熟。大凡说服了、感动了、征服了自己的人，就有力量征服一切挫折、痛苦和不幸。"

辛勤耕耘，必有收获

> 才能的火花，常常在勤奋的磨石上迸发。

北京通产投资集团老总陈金飞，堪称是敢于大胆行动的人。他认为创业阶段是一个起步最为艰难的时刻，那时最需要勇气。

他的第一间办公室是在北京郊外高碑店乡一个猪圈的后面。当时，陈金飞把大通装饰厂建在那儿，房子盖得很随便，根本没有设计图纸。房子的窗户不一样大，因为窗户是从外面捡来的。陈金飞就是这样盖起了车间和办公室。办公桌也是一个捡来的40厘米高的圆台，陈金飞又找到了一块木板钉了6个离地面只有20厘米高的小板凳，最奢侈的家具是一把老式竹椅。

第四章 不放弃的毅力

在这里，陈金飞接待了工商局的同志、税务局的同志和对陈金飞企业感兴趣的许多客人，其中包括外商。没钱买设备，陈金飞就买钢材，边学边干，就这样做出了台板印花机。

创业初期，所有的一切都是陈金飞用自己的双手干出来的。厂房设备有了，最大的问题就是没有生意，他和工人们处于集体失业状态。陈金飞当时心里真着急，天天骑着自行车到处找活儿，那时可没少受委屈。很多客户一看他们都是年轻人，又是私营，客气的人不理你，不客气的人干脆把你轰出来！那种屈辱的感觉不亲身经历是无法用语言形容的，但陈金飞还得尽快调整心态去面对新的困难。

陈金飞的第一笔生意，也是最小的一笔生意，只赚了35元钱。这笔生意是他骑着自行车从先农坛体育场做来的，给北京篮球队印几件跨栏背心的号码。回来后他和工人们一起，不到10分钟就干完了，35元到手。兴奋之后，陈金飞他们又集体失业了。

当时条件那么艰苦，可令人惊讶和敬佩的是，他们居然在这猪圈后面谈成了第一笔涉外生意。外商是一位金发碧眼的漂亮女士，她是加拿大的纺织品进口商，要进口一批儿童服装。谈判时，陈金飞他们请客人坐在"最豪华"的竹椅上。那是在冬天，屋里没有暖气，特冷，竹椅又透凉，外商冷得受不了，也顾不得举止风度了，就蹲在竹椅上和他们谈。蹲累了就站在竹椅上谈。也许是运气吧！外商跟陈金飞签了合同，这笔生意他们赚了十几万美金，这在当时来说可是个大数目。

陈金飞认为他的成功是因为胆量和勇气。建厂初期，陈金飞遇到的困难是难以想象的。除了资金、技术以及人员这些每个新企业都会遇到的问题外，由于社会的不理解而强加的不公平待遇，几乎成了陈金飞难以逾越的鸿沟。如果没有胆量和勇气，没有冒险精神坚持下来，今天陈金飞就不会拥有这一切了。

还有一个美国发泡印花订单，当时这种发泡技术还没人掌握，就连国营大厂都不敢接，他们怕麻烦，不愿意冒险。外贸公司问到陈金飞，陈金飞毫不犹豫地接了下来。合同签了，还不知道怎么干，那时真急坏了！陈金飞天天跑化工商店，请教工程师们。通过多次的实验，陈金飞终于掌握了发泡所需的各种化学原料的配比和温度。那时也没有听说过发泡机，所以电吹风、电烙铁就成了工具。车间里经常能听到工人们兴奋的叫声——"发起来啦!"那神情不像是工作,更像是一群做游戏的孩子,就这样在谈笑间保质保量地做成了近百万元的生意。当时车间对外绝对保密,主要是怕外商看见了他们的工作条件而被吓跑。他们凭着敢于面对困难的勇气和敢于尝试新事物的胆量,掌握了发泡技术,并控制了近两年的时间,前期几百万收入主要都是来自发泡印花的订单。陈金飞从小本经营,大胆入手,创造了他的辉煌事业。

可见,许多取得成功的人士,他们不怕工作中的艰难险阻,但是却害怕在别人面前表现自己,更不敢在领导面前表现出来。他们不知道一个人的表现能力并非是天生的,它一样也可以通过锻炼培养出来。

人们常说:有耕耘才有收获。一个人的成功有多种因素,环境、机遇、学识等外部因素固然都很重要,但更重要的是依赖自身的努力与勤奋。缺少勤奋这一重要的基础,哪怕是天异禀赋的鹰也只能栖于树上,望空兴叹。而有了勤奋和努力,即便是行动迟缓的蜗牛也能雄踞塔顶,观千山暮雪,望万里层云。

懒惰的人花费很多精力来逃避工作，却不愿花相同的精力努力完成工作，他们以为骗得过老板。其实，这种做法完全是在愚弄自己。勤奋真的很难吗？不，勤奋不是谁天生的，而是培养出来的习惯。

大凡有所作为的人，无不与勤奋的习惯有着一定的关联。我们知道"将勤补拙"是李嘉诚的一条重要的人生准则，也是他成功的经验之一。

曾经有记者询问过李嘉诚的推销诀窍。李嘉诚不予正面回答，却讲了一个故事。

日本"推销之神"原一平在69岁时的一次演讲会上，当有人问他推销成功的秘诀时，他当场脱掉鞋袜，将提问者请上台说："请您摸摸我的脚板。"

提问者摸了摸，十分惊讶地说："您脚底的老茧好厚哇！"

原一平接过话头说："因为我走的路比别人多，跑得比别人勤，所以脚茧特别厚。"

提问者略一沉思，顿然感悟。

李嘉诚讲完故事后，微笑着自谦地对记者说："我没有资格让你来摸我的脚底，但我可以告诉你，我脚底的老茧也很厚。"

第四章 不放弃的毅力

当年，李嘉诚每天都要背着一个装有样品的大包从坚尼地城出发，马不停蹄地走街串巷，从西营盘到上环到中环，然后坐轮渡到九龙半岛的尖沙咀、油麻地。

李嘉诚说："别人做8个小时，我就做16个小时，开始别无他法，只能将勤补拙。"

李嘉诚早先在茶楼当跑堂，拎着大茶壶，一天10多个小时来回跑。后来当推销员，依然是背着大包一天走10多个小时的路。

李嘉诚的脚板未必没有原一平的厚。这脚板上的老茧分明写着一个字：勤！

无独有偶，远大总裁张剑从创业到成功，始终依靠的是辛勤工作。他建立了远大企业后，就把辛勤耕耘的理念融入到了远大的文化中。"远大"有自己的文化体系，而这个文化体系又需要以辛勤原则为中心的企业理念和视品牌为生命的经营理念作支撑。视品牌为生命这个好理解，但是我们又怎么去理解以辛勤原则为中心呢？这个"原则"是什么呢？

副总裁张跃认为："这两者是一致的，因为辛勤原则是不能改变的，只是有一些人不去尊重它。我们要知道，只有服务工作做得非常好，让你服务的对象非常满意，你才会有收益。我们是搞工业的，那我们的工业产品就要做得非常好，之后我们的工业产品的消费者才会非常满意。所谓原则——自然法则，就是说必须要有很好的种子，有人的辛勤耕耘过程，这样才会有很好的收获，而且你的付出必须都在收获之前，这都是一些原则。你要把这些原则把握好，不要指望侥幸，不要指望去逾越自然法则，或者说先收获后耕耘，这是不可能的，或者说只收获不耕耘，这是更不可能的。当然在这个辛勤原则之上，我们还有一个很好的价值观，以这个辛勤原则为基础，这个价值观是各有不同的，但是我认为价值观可能会决定一个企业是不是可以发展得更好，违背原则是根本不可能生存下来的。而价值观好或坏将决定你能不能生存得更好。作为一个人也好，作为一个团体也好，重要的是稳定，但作为一个原则来说一定要非常清醒，就像在这个基础之上，一切东西都会好办的。我觉得作为一个企业家，如果确定了企业价值观之后就好办了，那其他的事情就是个人的工作方法，真的很难说哪种更好。像我这样希望一切都能加以控制也许很好，像某些人那样

第四章　不放弃的毅力

子,一切事情只相信结果,把架构搭起来,一天开两次会,他相信会有好的结果。也许会有好的结果,因为他下面还有人帮助他控制。所以,这种处事方法就比较次要一些。"

张剑兄弟对辛勤有正确的认识,正是通过贯彻辛勤工作的原则,他们才获得成功的。

如果你永远保持勤奋的工作状态,你就会得到他人的认可和称赞,同时也会脱颖而出,并得到成功的机会。

勤奋的工作,你必然会得到;做一个勤奋的人,阳光每一天的第一个吻,肯定先落在你的脸颊上。

不惧怕困难

> 从来不跌倒不算光彩，每次跌倒后能再站起来，才是最大的荣耀。

1987年，缪寿良用500万元承包了一个快要倒闭的采石场，艰难起步。现在他的深圳富源集团资产已达到1.5亿美元，涉足房地产、商城和家用电子产品制造等多个领域，拥有20000名员工。

缪寿良刚承包采石场的时候，采石场默默无闻。他借了两万块钱，用其中的1.7万元钱在路边竖了一块大广告牌，上面写了4个字"石料供应"。这时，员工们的目光是怀疑的，而缪寿良的目光却坚定。他的预见是正确的！现在看起来很老土的广

第四章　不放弃的毅力

告语收到了意想不到的效果！当一辆辆车子开进采石场，满载着石料离去的时候，员工们心悦诚服了。

20世纪80年代末，深圳有大大小小几十个规模的采石场，缪寿良的采石场并不特别出色，但是他对形势有着惊人的洞察力。他及时抓住机会，把劣势变成优势，终于脱颖而出。

"1988年刚开发市场时，我发现深圳经常缺电，就买来了一台进口发电机。当时我请来的厂长发脾气，问我为什么这么困难的时候还要买发电机？发电机两三万一台，在当时是一个天文数字啊！上午安装调试完毕，下午就停电，一个星期一个星期地停。修广深公路的时候，因为停电，其他采石场的人喝茶聊天，我们却开足马力。最后，只有我们一家保质保量地及时交货，其他人签的几十个合约全部作废。我们趁机一举包下了全部采石业务。因为独家生意，石料的价格从18元每立方米爆涨到36元每立方米。"那一年，缪寿良顺水顺风地赚了一千万，掘到了自己事业中的第一桶金。

"当初做海滨市场，我拿着图纸一看，这是最好的地方！别人都不相信，结果证明我是对的。我每一战都打得很漂亮，基本上每一步走的路都没有后悔！商业这么大，都是有计划做的，单讲感觉是不行的。谁找到规律，谁就占了先机，再不好的地方都有人赚钱。"缪寿良对自己的眼光颇为自负。"我做老总意识超前，在10年前就能意识到未来会发生什么事，所以我能带领员工们往前冲。现在的海滨市场，当时青蛙还在那里跳，但是整个蓝图已经在我的脑海里，我要做10万平方米面积的最大的市场，这里会成为整个宝安的中心。把市场的一楼二楼用来做商场，员工们都担心，这么大的场面，以后做不起来怎么办？但是我不怕，因为我有经验，以前也曾经走过那样的路，只是没那么大，我心里非常踏实，这是非常重要的一个战役，是从房地产转向商业的关键一环。现在我要做大，做最大，每一个环节都是非常危险的，但是我是有自律的，别人看来危险，我看不危险，这主要是因为我思路清晰、方向明确。当然，在这个过程中，我付出了很大代价，你看那时的我和现在的我有什么区别吗？"缪寿良指着墙上的一幅旧照片，有几分感慨，"现在，你能在我的脸上找到沧桑。"

所以，机会是混杂在瓦砾中的珍珠，只等待能慧眼识珠的

第四章　不放弃的毅力

人。缪寿良成功的要素之一就在于他比别人更先知先觉，能一眼洞察出别人看不到的机会，该出手时就出手，即使遭到最坚决的反对，也坚持己见。

困境中成长起来的成功人士，向来不缺乏勤奋和勇敢，但很多人缺少的是远见和决断。比如，我在看那些登上中国富豪榜的财富英雄时，也会常常感慨万千。富豪们艰苦创业、勤奋工作的精神真的令人感动。而我们所撷取的一个个感人的故事只是他们生活中拥有的小小插曲而已。当然，从这些小小插曲中我们看到，他们中的每个人都有无数相似的经历。

创业总是艰辛的。

他们获得今天的财富远比我们想象的要难；因为财富的关系，他们远比我们承担的多。勤奋刻苦已经与这些白手起家的福布斯富豪们终生相随。

勤奋刻苦一直被视为中华民族的传统美德。当勤奋刻苦的箴言因为熟悉而快要失去震撼力的时候，富豪们的创富故事会再次令我们震动。

为什么他们拥有财富？为什么他们能成功？重新思考这些问题的时候，我们对富人、对财富会有新的认知。

"即便有一天我忽然什么钱都没有了,我也不怕。我还可以当农民,还可以一步步从头做起!我可能年纪大了点儿,但我干活儿会勤奋,看门就把门看好,扫地就把地扫干净,老板还会认同我,也许会给我开高点工资。"刘永好曾这样表示。

这段话给我们以深刻的启示。

财富永远不可能为守株待兔者真正拥有,或许一次、二次可以侥幸得之,但它最终垂青的定然是那些大胆行动的人。很多亿万富豪都告诉人们要获得财富必须从现在就开始实践,敢于迈出去。也许,你已经考虑过"喜欢"干哪一行。那么,现在你就可以从查看招聘广告开始,去找学校或职训中心,跟已经干上那一行的人交谈,搞清楚有哪些机会。

等你了解了较多的情况,你就可以判断是否要继续学下去。我们要知道,要取得成功就得大胆行动起来,并全力以赴!

有些人很想有所成就,很想获取财富,但是没有动手就感到非常为难,他们搞不清楚自己想要做什么。由于思想上没有一个明确的目标,所以很难决定下一步要做什么。于是,他们就束手坐在那里等待奇迹。然而,奇迹并不是光凭等待就会来的,奇迹需要自己去争取。

许多成大功或立大业的富豪,在他们心目中也并没有许

第四章　不放弃的毅力

多明确的目标，相反却变动得非常快，有时甚至连目标是什么都不知道。他们只是不断地去尝试新的事物，大胆接受新的信息，直到对自己所作的选择有所把握为止。

亿万富豪都非常积极活跃，以行动判断自己的方向，尝试许许多多新的途径。所以，经过一番奔波忙碌之后，必然能取得某些有价值的成就。

一个业务员要成功，必须大胆拜访客户。如果他不知道最顶尖的业务员一天要拜访多少个客户，那么，他根本就没有成功的机会；如果他无法付出顶尖业务员所作的行动，他也根本无法提高成绩。

富豪们永远比一般人做得更多。当一般人放弃的时候，他们找寻下一位顾客；当对方拒绝他的时候，他再问他们："请问你要不要买呢？"当顾客不买的时候，他问："你为什么不买？"他们总是在寻找如何自我改进的方法，以及顾客不买的原因，他们永远在不断地改善自己的行为、态度、举止和自己的人格。他们总是希望知道人们为什么向他买、为什么不向他买的原因。他们总是希望自己更有活力，总是希望自己产生更大的行动力。相比之下，很多人饱食终日，无所用心，不作运动，不学习，不成长，每天抱怨一些负面的事情。他们哪来的行动？因此，我们说，所有的知识必须大胆地化为行动。因为行动才有力量。

不管他们现在决定要做什么事，不管他们现在设定了多少目标，也不管他们面临怎样的困境，他们一定会立刻行动，而且肯定会大胆行动。因为他们坚信：没有金刚钻，也要敢揽瓷器活儿。

第四章 不放弃的毅力

毅力可以克服阻碍

> 顽强的毅力可以征服世界上任何一座高峰。

1964年,现代运动史上发生了一件很重要的事件。那时,诺马士预测他的球队——美国足球联盟纽约喷射机队,在第三届超级杯足球赛中,会打败国家足球联盟的摩小马队。当时如此的预测似乎全然不按章法而行,原因是:首先小马队被专家预计会赢19分,因为前两届超级杯,也都是国家足球联盟代表队,轻取美国足球联盟的球队。但是让人对诺马士的预测感到震惊的是,当时根本没有球员会在赛前谈论此事,当喷射机队获胜时,人们除了感觉惊讶之外,还为他觉得松了口气,因为全国的人都准备把诺马士痛揍一顿,他竟敢如此信口雌黄。如果喷射机队输了，他即使不搬到西伯利亚那么远的地方，也得暂避至南美洲。自此情形大变，诺马士创造了一个新的趋势。

同样，拳王阿里也曾用过这种方法——向自己挑战，极力发挥出自己更大的潜能。

数年后，在拳王阿里与弗来奇尔对阵之前，他像诺马士那样宣称自己将获得胜利。同样的，这种装腔作势似乎不按牌理出牌在他早期的拳击生涯中就多次出现。阿里常常预测对手的势力，但那时他是与势力远不如他的人竞赛。现在，阿里是离开圈内多年后再战，而弗来奇尔则是常胜将军。阿里居然仍夸口自己会胜利，他也不只说一次便罢，还重复无数次。

这回，他的预测错了，阿里输了，最后一站他辛苦应战，但失败了。

在这之后不久，阿里被邀请上美国一家电视台的访谈节目，在他被介绍给观众之前，有人怀疑他上台时观众会有何反应。他曾信誓旦旦地说他一定会赢，结果他输了，那的确令人无地自容。

可是当阿里出现时，他受到在场观众真诚地起立致意，热

第四章　不放弃的毅力

烈鼓掌喝彩。

他并不被认为自己是个愚弄自己的人。相反地，他认为自己是一名勇于以自己的名誉做赌注的勇士，虽然比赛结果并未如他所言，但比起他甘冒大险的勇气，胜负真如鸿毛一般，不值一提。

当然，在诺马士和阿里的时代之后，那种运动员在赛前夸张的预测的，已全然没有价值，因为它确实毫无意义。但是，如果你有胆量说你掌握自己的命运，这个世界将因此而尊敬你，即使事后证明你错了。

正如生命中的许多伤痛一样，其实并不如自己想象的那么严重。如果不把它当回事，它是不会很痛的。你觉得痛，那是因为你自以为伤口在痛，害怕伤口的痛。

毅力对于将欲望转变为财富是不可或缺的。毅力就是百折不挠的意志。

当这种意志与欲望结合，会形成一种坚不可摧的力量。

坚强的意志是每一个人应该具备的要素，他们决不会因为危险而放弃自己的信仰。许多伟大的人物鼓舞着我们的成长，我们应该相信依靠着自己坚强的意志力可以战胜一切困难。

人们往往以为拥有巨大财富的人是冷漠的人，其实这是一种误解。事实上，他们那种看起来的冷漠是一种坚强意志的表现，正因为有了这种意志，他们能在自己欲望的激励下，实现自己的目标。

同样在公司中，每一个取得事业成功的人都需要拥有坚强的意志力。也许你的工作是机械乏味的，也许你的工作是充满挑战的，但是无论如何你都要去完成它。你必须倾注你的全部精力去攻克成功路上的每一个障碍。假如你一遇到困难就退缩，那么你永远只能生活在挫败的感觉中，永远只能是一个卑微的人。戴高乐曾经说过："困难，特别吸引坚强的人。因为他只有在拥抱困难时，才会真正认识自己。"

有志者立长志，无志者常立志。无论通往目标的路上充满了多少荆棘，你都要一直坚持，不要羡慕那些成功的人士，你也许不知道他们在成功路上走得有多艰辛。

联合保险公司有一位推销员叫亚兰。亚兰想成为这个公司的明星推销员。可是不久，他遇到了一个厄运，这给了他一个重新发挥意志的良机。寒冬的一天，亚兰在威斯康星州一个城市的街区中推销保险单，却没有做成一笔生意。当然，他对自

第四章　不放弃的毅力

己很不满意。但他没有因此而气馁。

他记起他所读过的有关加强意志力的书，并应用了书中所提出的原则。第二天，当他从办事处出来时，向同事们讲述了前两天所遇到的失败，接着又说："等着瞧吧！今天我将再次拜访那些顾客，我将售出比你们售出的总和还多的保险单。"

亚兰做到了这一点。他又回到那个街区，拜访了前一天同他谈过话的每一个人，结果售出了66张新的事故保险单。

这的确是一个不平常的成就，如果不是有坚强的意志力，亚兰在风雪中穿街过巷，跋涉了8个小时，却没有卖出一张保险单时，会是怎样？可是亚兰能够把挫败消极情绪化成坚强的意志，并很快被提升为销售经理。

由此可以看出，毅力能够决定我们在面对困难、失败、诱惑时的态度，看看我们是倒了下去还是屹立不动。如果你想减轻体重、如果你想重振事业、如果你想把任何事做好，单单靠着"一时的热劲"是不成的，你一定得具备毅力方能成事，因为那是你产生行动的动力源头，能把你推向任何想追求的目标。具备毅力的人，他的行动必然前后一致，不达目标，决不罢休。只要你有毅力，就能够做成任何大事；反之，缺了毅力，你就注定失败和失望。一个人之所以敢于冒险去做任何事情，凭的就是他们的勇气，而勇气则源生于毅力。一个人做事的态度是勇往直前或是半途而废，就看他们是否时常练习他的毅力"情绪肌肉"。埋着头硬干不表示就是有毅力，必得能察看出实际情况的变化，并不失时机地改变自己的做法。试问，如果你只要走两步路便能找到出口，难道非得把墙打个洞才能出去吗？有时候单有毅力并不一定能成事，你还得有坚强的意志力。

试想，如果没有这种意志，结局可能大相径庭，所以，当我们在面对困难时，如果你不满意目前的自己，那么就动手改变，而这个改变过程是一个艰苦的过程，只要你掌握了以下方法，并具备了坚强的意志，你就可以重新改造自己。

1. 写下你的自我认定

你希望的自我认定中要包括哪些条件，请把他们写下来。一面写，你一面要显示出改变自己的决心，到底哪些人的身上拥有这个条件呢？他们是不是你可以效仿的榜样呢？你不妨臆想着自己已融入了这个新的自我认识里，他该是怎样的呼吸方式？怎样的走路方式？怎样说话？怎样思考？怎样感受？

第四章 不放弃的毅力

2. 下定决心

如果你确定想拓展自己的自我认定和人生，那么从此刻开始，你就得下定决心想成为什么样子。你的心态要重回到孩童时代，对未来满怀憧憬地写下上述角色所必须具备的各样特质。

3. 列出行动方案

现在请列出你的行动方案，好使你能跟这个新人生角色相符合。在谋划这个方案时，你得特别留意要结交什么样的朋友，要让他们能强化而不是弱化你的自我认定。

看见一个人能拓展他的自我认定，这实在是件再愉快不过的事了。

4. 让你自己知道你的自我认定

最后一步是你得把新的自我认定尽可能让周围的人知道，而最重要的是得让你自己明白。每一天你都得以这个新标签来好好提醒自己，时间一长它就会把你调整成这个标签的样子。

在逆境中求生存

> 决不能放弃，世界上没有失败，只有放弃。

下面我要给你们所讲的就是肯德基的创始人山德士上校的故事。

他5岁时就失去了父亲。

他14岁时从格林伍德学校辍学开始了流浪生涯。

他在农场干过杂活儿，干得很不开心。

他当过电车售票员，也很不开心。

16岁时，他谎报年龄参了军，但军旅生活也不顺心。

一年的服役期满后，他去了亚拉巴马州，在那里他开了个铁匠铺，但不久就倒闭了。

第四章 不放弃的毅力

随后他在南方铁路公司当上了机车司炉工。他很喜欢这份工作,他以为终于找到了属于自己的位置。

他18岁时结了婚,仅仅过了几个月时间,在得知太太怀孕的同一天,他又被解雇了。

接着有一天,当他在外面忙着找工作时,太太卖掉了他们所有的财产,逃回了娘家。

随后经济大萧条开始了。他没有因为老是失败而放弃,别人也是这么说的,他确实非常努力了。

他曾通过函授学习法律,但后来因生计所迫,不得不放弃。

他卖过保险,也卖过轮胎。

他经营过一条渡船,还开过一家加油站。

但这些都失败了。

有人说,认命吧,你永远也成功不了。

有一次,他躲在弗吉尼亚州若阿诺克郊外的草丛中,谋划着一次绑架行动。

他观察过那位小女孩的习惯,知道她下午什么时候会出来玩。他静静地埋伏在草丛里,思索着,他知道她会在下午两三点钟从外公的家里出来玩。

尽管他的日子过得一塌糊涂,可在此之前他从来没有过绑架这种冷酷的念头。然而,此刻他借着屋外树丛的掩护,躲在草丛中,等待着一个天真无邪、长着红头发的小姑娘进入他的攻击范围。为此他深深地痛恨自己。

可是,这一天,那位小姑娘没出来玩。

因此,他还是没能突破他一连串的失败。

后来,他成了考宾一家餐馆的主厨。但一条新修的公路刚好穿过那家餐馆,他又一次失业了。

接着,他就到了退休的年龄。

他并不是第一个,也不会是最后一个到了晚年还无以为荣的人。

幸福鸟,或随便什么鸟,总是在不可企及的地方拍打着翅膀。

他一直安分守己——除了那次未遂的绑架,但他只是想从离家出走的太太那儿夺回自己的女儿。不过,母女俩后来回到了他身边。

第四章 不放弃的毅力

时光飞逝，眼看一辈子都过去了，而他却一无所有。

要不是有一天邮递员给他送来了他的第一份社会保险支票，他还不会意识到自己老了。

那天，他身上的什么东西愤怒了，觉醒了，爆发了。

政府很同情他。政府说，轮到你击球时你都没打中，不用再打了，该是放弃、退休的时候了。

他们寄给他一张退休金支票，说他"老"了。

他说："呸。"

他收下了那张105美元的支票，并用它开创了新的事业。

而今，他的事业欣欣向荣。

而他，也终于在88岁高龄时大获成功。

这个到该结束时才开始的人就是哈伦德·山德士，肯德基的创始人。他用他第一笔社会保险金创办的崭新事业正是肯德基家乡鸡。

看完这个故事，我们不得不感叹：也许你曾经诚恳地努力过，但仍然失败了。也许你的失败，是因为你获得成功还需要更多的东西。但是我们要切记：任何人的一生都充满了坎坷与机遇，成功的关键在于你是否能越过坎坷，从逆境中求生存。

我们应该知道，在我们的生命中，最大的挑战不是改变我们周围的环境，不是改变我们的家庭，也不是改变我们的生意，而是改变我们的态度。当我们改变我们的态度时，我们就能摆脱一切束缚着自己的某一个框框，从而使自己的创造力得到发挥。

天无绝人之路，不管我们经过多少挫折、多少磨难，只要我们努力，只要我们付诸行动，我们就一定会创造出奇迹。

每个人都是世界上独一无二的奇迹，每个人身上都蕴藏着巨大无穷的力量，而这种力量在危难之际或者紧迫之时，就可以爆发出来，让我们在生活中的每一天里，一步一步改变自己的思想，感受自己的行为。只要我们真正运用了潜藏在我们心灵深处的力量，我们就会拥有掌控、改变自我人生的非凡能力。

我们同样知道，人的潜能是十分巨大的，世间没有人知晓人体内到底蕴藏着多少能量，但是，这种潜能是我们创造财富、挑战自我、实现自我的动力。只要我们去释放出内心的潜能，我们就会无坚不摧、无所不能，即使面对强于自己百倍的对手也不会胆怯。

我的朋友们，到这里，我们找到属于自己的答案了吗？答

第四章 不放弃的毅力

案就是在我们面对一切困难时,只要我们能够释放出内心无比的能量,我们就会化恐惧为前进的动力,就可以在生命中得到突破,剧烈地提升生命的品质,就可以将梦想转变成现实。

由此可以看出,能量释放也是与我们的选择有联系的。人们常说,态度决定一切,目标决定一切,习惯决定一切,但我认为,我们所选择的能量释放同样决定一切,我们释放出了什么样的能量,就会有什么样的成功状态。所以,一切都在我们的掌握之中,只要我们完全去发挥自己所拥有的一切力量,驱动我们采取行动去获得成功,我们就会开始改变我们的人生,就会为自己开启一段前所未有、崭新而伟大的人生旅程。

再试一次

> 如果开始不成功，那就一试二试再试。

日本理研光学公司董事长市村清年轻时曾是一名保险推销员，后来经过自己的不断努力，最终成了一位举世闻名的企业家。

在他的一生中，他一直记住了这么一件事。这件事发生在他还在做保险推销员的时候，当时市村清劝说一位小学校长投人寿保险，跑了10趟却依然毫无收获。他疲惫不堪地对妻子说："我实在不愿再干下去了，我马不停蹄地奔跑了3个月，仍是一无所获。"

妻子爱怜地看着他问道："你为什么不再试一次？"于

第四章 不放弃的毅力

是，他下了"再试一次"的决心，又来到小学校长家。这次，未等市村清开口，小学校长竟十分痛快地答应了下来。

这次成功以后，他的信心更足了。3个月后，他就成了九州地区最优秀的推销员。

每当谈及自己的成功经验，市村清总是意味深长地说："我永远忘不了妻子的那句话——你为什么不再试一次？"

是的，为什么不再试一次？也许就在再一次踏上征程的时候，成功的光环会悄然落在我们的头上。其实，走出失败的阴影，最后的办法就是"再试一次"！

一个人在面临挑战时，总会为自己未能实现某种目标找出无数个理由。正确的做法是，抛弃所有的借口，找出解决问题的方法。二者之间的区别就在于你打算做一个具备什么竞争能力的人。

命运一直藏匿在我们的思想里。许多人走不出人生各个不同阶段或大或小的阴影，并非因为他们天生的个人条件比别人要差，而是因为他们没有思想要将阴影这条纸龙咬破，也没有耐心慢慢地找准一个方向，一步步地向前，直到眼前出现新的洞天。

对于这句话的理解，我们可以从这个故事里看出来。

这个故事说的是祖父用纸给我做过一条长龙。长龙腹腔的空隙仅仅只能容纳几只蝗虫，投放进去，它们都在里面死了，无一幸免！祖父说："蝗虫性子太躁，除了挣扎，它们没想过用嘴巴去咬破长龙，也不知道一直向前可以从另一端爬出来。因而，尽管它有铁钳般的嘴和锯齿一般的大腿，也无济于事。"

当祖父把几只同样大小的青虫从龙头放进去，然后关上龙头，奇迹出现了：仅仅几分钟，小青虫们就一一地从龙尾爬了出来。

所以，如果你勇于挑战自我，就会像第一颗种子那样，在有限的生命里尽情享受人世间的快乐；如果你缺乏自信和勇气，你就会像第二颗种子那样在泥里腐烂至死。

在人才选拔中，无论是从公司的前途着眼，还是从一个人竞聘一种特定的职位来看，竞争力都具有重要意义。

如今，各个公司和职务竞聘者们不仅谈论承担一项工作所需要的技能和知识，而且也谈论这项工作所要求的竞争力。

关于竞争力，存在着很多定义和标准，但是可以说竞争力是一个人潜在的素质，它与一个人在某种工作岗位上能否成功有关。

具有竞争力的人可以分成五种类型：

第一种类型的人，其竞争力与他们的智商(这里指的是一个人对一种情况进行评价并作出决策时所需要的智商)有关。我们称这种竞争力为智商竞争力，它可以被理解为全面观察一种情况并对这种情况加以分析的能力、逻辑推理能力、概括和综合判断能力及创造力。

第二类具有竞争力的人，其竞争力与他们在决策过程中所表现出来的感情因素有关。这种竞争力包括他们感情的成熟程度和对一种特定情况进行客观分析的能力。

第三种类型的人，其竞争力与敢于冒风险和排除障碍的能力有关。

第四种类型的人，除了自己做事外，还能够使别人也照着他的意图做事。这种竞争力与领导能力和对其他人的感染力有关。

最后一种类型的人，其竞争力与公司的集体价值观(如团队工作能力、应用经验的能力和规范行动的能力)有关。

正确面对失败

> 人生最大的成就，就是能从失败中站起来。

曾有这样一个小孩，他实在是一个极为孤独而不幸的小孩。他出生时，脊柱拱起，呈怪异的驼峰状，而且他的左腿弯曲。

这个孩子的家庭很穷。在他还不满1岁的时候，他的母亲谢世了。他慢慢长大，但别的孩子都避开他，因为他身体畸形，而且他无法令人满意地参加孩子们的活动。这个孩子名叫查理·斯坦梅兹，一个孤独不幸的儿童。

但是上天并没有忽视这个儿童。为了补偿他身体的畸形，他被赐予了非凡的敏锐和聪慧。查理5岁时能做拉丁语动词变位，7岁时学习了希腊语，并懂得了一些希伯来语，8岁时就精

第四章 不放弃的毅力

通了代数和几何。

在大学里,查理的每门功课都胜人一筹。在毕业时,他用储蓄的钱租用了一套衣服,准备参加毕业典礼。但在消极心态的影响下,人们常常考虑不周,这所大学的当局在布告栏里贴了一个通告,免除查理参加毕业典礼的资格。

这件事使查理不再努力让人们尊敬他,而去努力培养同人们的友谊。为了实现自己的理想,他来到了美国。

在美国,查理四处寻找工作。由于其貌不扬,他多次受到冷遇。最后他终于在通用电气公司谋到了一份工作,当绘图员,周薪12美元。他除了完成规定的工作外,还花很多时间研究电气,并努力培养和同事之间的友谊。

查理工作努力,成绩显著。他一生获得了200多种电气发明的专利权,写了许多关于电气理论和工程的书籍和论文。他懂得做好了工作便会得到赞赏,也懂得做出了贡献便会使自己更有价值。他积累财富,买了一所房子,并让他所认识的一对青年夫妇和他同享这所房子。这样,查理过上了幸福的生活。

在自我奋斗的过程中,我们要想成功,必须正确地对待自己,我们要在一成不变的生活当中了解自己想要的东西、找到自己真正想要的东西,这就要我们真正明白我们想要的是什么东西。同时,我们还要明白,在我们的生活中,我们不能把希望寄予别人,俗话说:靠天靠地不如靠自己,自己的道路自己走,只有自己为自己奋斗,才能为自己创造发展的机会、成功的机会。但是,在这个过程中,我们应该承担起自己应该承担的责任,只有为自己负责、为社会负责,我们才能骄傲地说,我已经正确地对待自己了!

第四章 不放弃的毅力

成功就是简单事情重复做

> 成功的人做别人不愿做的事，做别人不敢做的事，做别人做不到的事。

有一位非常著名的推销大师，在他即将告别推销生涯的时候，在社会各界的强烈要求下，决定举办他生命中的最后一次演讲。由于这次活动具有如此背景，所以这次举办的场面非常宏伟。

在举办演讲会的那天，可谓是场面宏大，社会各界的人士都来了。但是，那位著名的推销大师却迟迟没有露面，但人们都相信他会来的，因为人们认为他推迟的原因正是在为他后面的演讲作铺垫，所以，人们热切地、焦急地等待着，期望那位最伟大的推销员为人们作最后的一次精彩演讲。

然而，当大幕徐徐拉开的时候，人们感到非常失望，因为舞台的正中央没有什么东西，只有巨大的铁球吊在台上。为了这个铁球，人们还在台上搭起了高大的铁架。

大约过了15分钟之后，人们才看见一位穿着红色的运动服、脚踩白色胶鞋的老人走入了会场。老人到了会场的时候，一句话也没有说，他径直走到了铁架的一边，就站在那儿了。

老人的举动让人们感到非常惊奇，不知道他要做什么。

过了一段时间之后，人们才看见有两位工作人员抬着一个大铁锤，放在老人的面前。当铁球放好之后，主持人这时才对观众讲："现在我们请我们最受人们尊敬的推销大师为我们作最后的演讲吧！但是，在大师演讲之前，我想请两位身体强壮的人到台上来。"

主持人的话刚说完，就有好多年轻人站起来，转眼间已有两名动作快的年轻人跑到台上。

等到那两位年轻人站好之后，老人才开口和他们讲规则，并告诉他们用一个大铁锤去敲打那个吊着的铁球，直到把它荡

第四章　不放弃的毅力

起来。

老人话刚说完，其中一个年轻人就抢着拿起铁锤，拉开架势，抡起大锤，全力向那吊着的铁球砸去，一声震耳的响声，那吊球动也没动。他就用大铁锤接二连三地砸向吊球，很快他就气喘吁吁，他放弃了。

见此情景，另一个人接过大铁锤，同样像第一位那样不断地把吊球打得叮当响，可是铁球仍旧一动不动。

过了一段时间，这位年轻人同样累得气喘吁吁，也放弃了。台下的观众为此非常失望，有人甚至已经开始离场，留下来的只等着老人作出什么解释。

然而，老人什么也没有说，只是从上衣口袋里掏出一个小锤，然后认真地，面对着那个巨大的铁球，一锤一锤地敲打着。见此情景，人们非常奇怪地看着，老人还是那样旁若无人地持续地做。

5分钟过去了，10分钟过去了，20分钟过去了，半个小时过去了，人们受不了这样的折磨，会场上不断有人离开，有人干脆叫骂起来，甚至用各种动作发泄他们的不满。但是老人没有受他们的影响，依然一小锤一小锤不停地工作着，他好像根本没有听见人们在喊叫什么。此时，会场上已经没有多少人了，留下来的人们好像也喊累了，会场渐渐地安静下来。

老人就这样持续地敲打吊球40分钟的时候，坐在前面的一个妇女突然尖了起来："球动了！"霎时间会场立即鸦雀无声，人们聚精会神地看着那个铁球。那球以很小的摆度动了起来，不仔细看很难察觉。老人仍旧一小锤一小锤地敲着，人们好像都听到了那小锤敲打吊球的声响。吊球在老人一锤一锤的敲打中越荡越高，它拉动着那个铁架子"哐哐"作响，它的巨大威力强烈地震撼着在场的每一个人。终于场上爆发出一阵阵热烈的掌声。在掌声中，老人转过身来，慢慢地把那个小锤揣进兜里。

当老人把小锤放好后，然后轻轻地说了一句话："在成功的道路上，你没有耐心去等待成功的到来，那么，你只好用一生的耐心去面对失败。"

人总是有所追求的，如果我们愿意去干一件事情，就能够找出千万条方法，把这件事情干好；如果我们不愿意去做一件

第四章 不放弃的毅力

事情，就会找出千万个借口，把这件原本能做得好的事情干得一团糟。

在我的家乡，有一位普通的山区教师，他在茫茫的大山里整整干了一辈子，这就是北京密云县石城中学教师张怀喜。他生长在北京，长在城里。1963年从北京西城区师范学校毕业时自愿报名到山区任教。当初他只有18岁，风华正茂。如今，青春已去，艰苦的的山区生活使他头上过早地出现了白发，额上刻着道道皱纹。是什么力量使张怀喜爱上这青山绿水？1986年有一段报道回答了这个问题："有一年春天，他推开门来，见山坡上一夜之间开遍了山丹丹花，像是一片燃烧的朝霞。一位老乡告诉他，当年八路军的一个小战士去送信，遭到日本鬼子的伏击，牺牲在这儿，血洒山冈。从此，这山坡上的山丹丹花开得特别多、特别红。尽管这是山里人缅怀烈士英灵的一种特殊感情，但他从中悟出了人应该怎样生活才有意义。同时，他还悟出了一个道理：要想改变山区的贫困面貌，关键在于提高山区人民的文化水平。然而，为实现这一目标，不正需要像小战士一样的献身精神吗？打那以后，他决心在山区当一辈子教师。"

所以，如果我们有了正确的价值观引导，就可以更好地完善自己的人格，端正自己的人生态度。对一个渴望成功的人来说，如果你想取得成功，就必须树立一个正确的人生价值观。

有一次，在我的企业里，我问一位刚刚被公司招进来的高才生："你现在从国家著名的高等学府走了出来，加盟了我们公司，你认为你成功了吗？你认为你成功的关键是什么？"

这位大学生脸上露出了一丝得意的微笑，他回答说："因为我有很高的文凭，我还有创新思维、专业知识管理能力等，毕竟我是从北大出来的，没有什么事情能挡住我的发展。"

当然，这位大学生说的也很有道理，他是从北大出来的，是有很高的学历文凭。可是，现在众多单位都在提倡重能力、轻文凭的时候，他还这样认为，我认为必须帮助他改变思维方式。于是，我对他讲了一个故事，我对他说："你知道吗，古代哲学家苏格拉底受到很多人的敬仰。有一天，一位非常崇拜他的年轻人找到苏格拉底问道：'我怎样才能够获得渊博的知识呀？我觉得太难了，而你却如此轻易就成了大学问家。'"

苏格拉底并没有直接回答他的问题，而是要这个年轻人第二天早晨去河边见他。第二天，他们见面了，苏格拉底让这个年轻人陪他一起向河中心走。河水没过他们的脖子时，苏格拉

第四章　不放弃的毅力

底趁年轻人没防备,一下把他按入水中,使得这位年轻人不能呼吸。很快年轻人便忍不住了,花了很大的劲儿才挣脱苏格拉底的双手。年轻人的头一露出水面,来不及说任何话,先深深吸了一口气,然后非常气愤地质问苏格拉底:"你可以不告诉我你的秘密,但你也不必要害我的命呀!"

苏格拉底微笑着说:"我并不是要你的命,但我只是想问你,你在水里最需要什么?"

年轻人回答道:"空气。"

苏格拉底说:"这就是成功的秘诀。你渴望成功的欲望就像你刚才需要空气的愿望那样强烈的时候,你就会成功。"

我讲到这里,这位高才生思索良久,然后他说:"我似乎明白了,我为什么能够从中学考上北大,因为当时我需要进行高等教育。而现在则不同了,我走上了社会,需要的是社会适应能力。而这种适应能力最重要的是有能够为他们服务的意识,为社会做贡献的意识,对团队的信任,更重要的是要有良好的素质、习惯和态度。只有这样,我们才能树立正确的价值观。如果价值观不正确,一个人无论怎样努力,都会达不到理想的效果。"

听完这位高才生的讲话,我对他说:"人生的目标不在于成功,而在于不断成功,不断突破,不断向最高的境界挑战,成为这个领域的佼佼者。你只能活一次,创造美好人生的机会掌握在你的手里,拓展未来的关键人物也是你。你可以随心所欲地打造你的世界。"

当然,我如此说,也是有根源的。一位成功人士对我说:"如果你喜欢去做你喜欢的事,你就必须学会胸有成竹,使你的正确决断稳固得像山岳一样。不为情感意气所动,也不为反对意见所阻拒。决断、坚毅是一切力量中的力量。假如你想作一名成功的老板,成就一番事业,你必须养成坚毅与决断的能力,否则你的一生都将漂泊不定,事业也将无成。"

第四章　不放弃的毅力

成功需要超越自我

　　　　　力量必须从自己身上寻找，你终究会发现，你是真正的强者！

　　康威尔在他的《钻石宝地》一书中讲述了一个非常快乐的农夫的故事。

　　农夫的土地为他赚进许多钱，还有一个非常可爱的家。每年他都能从种植作物的收成中存下一笔钱。他什么都不缺，生活得既有价值，又很快乐。然而，有一天来了一个僧侣，对他说："如果你能找到一个地方，那里有水从白色的沙子上面流过，你就会找到钻石。你的女儿会比任何一位公主都富有，你的儿子会比任何一位王子都富有，而你将得到你所能想象到的所有财富。"

那一夜，农夫没睡着觉……这是许多个日子以来的第一次。他在床上辗转反侧。最后，当天开始蒙蒙亮的时候，他决定卖掉农场，离开家去寻找钻石。最后，当他的口袋里只剩下几分钱的时候，他对他自己和他所做过的一切只有厌恶，他自杀了。

过了不久，那个僧侣又来到了农场。他走进房子，抬头看了看壁炉台，问道："农场原来的主人回来了吗？"农场的新主人回答说："没有，他没回来。"僧侣说："他肯定回来了，要不那边壁炉台上的石头怎么都是宝石呢？""啊，不，"农场的新主人说："那不可能……我是在后院发现这些石头的。"僧侣又向这位农场的新主人保证说："是的，那些是钻石。"

成功完全属于个人认知的范畴，对于不同的人，成功有着不同的意义。成功不只是赚很多钱，不只是在报纸上看到自己更多的名字，而是看为社会创造了多少价值。

很多时候，打败自己的不是外部环境，而是自己本身。

第四章 不放弃的毅力

我经常听到许多人常常否认自己有追求权力、金钱和成就的需要，因为他们认为这些价值观离他们很远。他们经常责怪自己生不逢时，他们认为如果自己要是生长在一个创造英雄的年代，他们一定会是英雄。然而，当我对他们说："你现在不是生存在一个创造精英和企业家的年代里吗？你为什么不去想作一个精英和企业家呢？"结果他们露出一丝苦笑说："我的出身决定了我现在的地位，我还有什么奢求呢！"听完他们的回答，我无言以对。但我知道，是他们刻板的角色限制了他们的发展。如果我们能把这种刻板的角色打破，我们就有更多的机会来追求自己的个人价值。

在美国，一位叫塞尔玛的女士内心愁云密布，生活对于她已是一种煎熬。

为什么呢？因为她随丈夫从军。没想到部队驻扎在沙漠地带，住的是铁皮房，与周围的印第安人、墨西哥人语言不通；当地气温很高，在仙人掌的阴影下都高达51℃；更糟的是，后来她丈夫奉命远征，只留下她孤身一人。因此，她整天愁眉不展，度日如年。我们能想象到她内心的痛苦，就像我们自己也会经常碰到的那样。

怎么办呢？无奈中她只得写信给父母，希望回家。

久盼的回信终于到了，但拆开一看，使她大失所望。父母既没有安慰自己几句，也没有说叫她赶快回去。那封信里只是一张薄薄的信纸，上面也只是短短的几字。

这几行字写的是什么呢？

"两个人从监狱的铁窗往外看，一个看到的是地上的泥土，另一个看到的却是天上的星星。"

她开始非常失望，还有几分生气，怎么父母回的是这样的一封信！但尽管如此，这几行字还是引起了她的兴趣，因为那毕竟是远在故乡的父母对女儿的关切。她反复看，反复琢磨，终于有一天，一道闪光从她的脑海里掠过。这闪光仿佛把眼前的黑暗完全照亮了，她惊喜异常，每天紧皱的眉头一下舒展了开来。大家知道这是为什么吗？

原来这短短的几行字里，她终于发现了自己的问题所在：她过去习惯性地低头看，结果只看到了泥土。但自己为什么不抬头看？抬头看，就能看到天上的星星！而我们生活中一定不只是泥土，一定会有星星！自己为什么不抬头去寻找星星，去

第四章　不放弃的毅力

欣赏星星，去享受星光灿烂的美好世界呢？

她这么想，也开始这么做了。

她开始主动和印第安人、墨西哥人交朋友，结果使她十分惊喜，因为她发现他们都十分好客、热情，慢慢地，他们成了朋友，还送给她许多珍贵的陶器和纺织品作礼物；她研究沙漠的仙人掌，一边研究，一边做笔记，没想到仙人掌是那么千姿百态，那样使人沉醉着迷；她欣赏沙漠的日落日出，她感受沙漠的海市蜃楼，她享受着新生活给她带来的一切。没想到，慢慢地她找到了星星，真的感受到了星空的灿烂。她发现生活一切都变了，变得使她每天都仿佛沐浴在春光之中，每天都仿佛置身于欢笑之间。后来她回美国后，根据自己这一段真实的内心历程写了一本书，叫作《快乐的城堡》，引起了很大的轰动。

这就是说，一个人的成功需要自我超越，只有我们能够有效地管理好自己的情绪，就会有很大的收获，毕竟积极向上的心态是成功者最基本的要素。只有你认识到你自己的积极心态的那一天，也就是你将遇到最重要的人的那一天，而这个世界上最重要的人就是你，你的这种思想、这种精神、这种心理就是你的法宝，你的力量。

第五章

明确你的目标

第五章　明确你的目标

目标

> 世界会向那些有目标和远见的人让路。

1952年7月4日清晨，加利福尼亚海岸笼罩在一片浓雾之中。在海岸以西38.8公里的卡塔林纳岛上，一个34岁的妇女跳入太平洋中，向加州海岸游去。要是成功了，她就是第一个游过这个海峡的妇女，这名妇女叫费罗伦丝·查德威克。在此之前，她是第一个成功游过英吉利海峡的妇女。

那天早晨，海水冻得她身体发麻，雾很大，她几乎看不见护送她的船。时间一小时一小时地过去，她一直不停地游。15个小时后，她又累又冷。她知道自己不能再游了，就叫人拉她上船。她的母亲和教练在另一条船上，他们都告诉她离海岸很近了,叫她不要放弃。但她朝加州海岸望去,除了茫茫大雾,什么也看不到。

又过了几十分钟,她叫道:"实在游不动了。"人们把她拉上船。几个小时后,她渐渐暖和多了,这时却开始感到失败的打击,她不假思索地说:"说实在的,我不是为自己找借口,如果当时我看见陆地,也许我能坚持下来。"

其实,她上船的地点,离加州海岸只有800米!后来她说,令她半途而废的不是疲劳,也不是寒冷,而是因为她在浓雾中看不到目标。这也是她一生中唯一一次没有坚持到底的经历。

两个月后,她成功地游过了同一个海峡,她不但是第一个游过卡塔林纳海峡的女性,而且比男子的纪录还快了两个小时。

查德威克虽然是一个游泳好手,但她也需要有清楚的目标,才能激发持久的动力,才能坚持到底。我们的学习同样需要有明确的目标,有了目标,你就能有更大的干劲,有更加持久的力量。

许多人做事之所以会半途而废,并不是因为困难大,而是离成功距离较远,正是这种心理上的因素导致了失败。把长距

第五章 明确你的目标

离分解成若干个距离段，逐一跨越它，就会轻松许多，而目标具体化可以让你清楚当前该做什么，怎样做才能做得更好。

有人说，我将来要做一个伟人，这个目标太不具体了。就像我们小时候写作文，题目是将来长大做什么？有的同学就说："我长大了要做总统。"这个目标就有点太不具体了，太笼统了。目标必须具体，比如你想把英文学好，那么，你就订一目标，每天一定要背10个单词、一篇文章，要求自己在一年之内能看懂英文书报，由于你定的目标很具体，并能按部就班地去做，目标就容易达到。有人曾经做过这样一个试验，他把人分成两组，让他们去跳高。两组大概个子都差不多，先是一起跳了6尺，然后把他们分成两组。对一组说："你们能跳过6尺5寸。"而对另外一组只说："你们能跳得更高。"然后让他们分别去跳。结果第一组由于有6尺5寸这样的一个具体要求，他们每个人都跳得高，而第二组没有具体的目标所以他们只跳过5尺多一点，不是所有的人都跳过了6尺5寸。为什么呢？因为第一组有一个具体目标。

吉野是一位拥有出色业绩的推销员，可是他一直都希望能跻身于最高业绩的行列中。但是一开始这只不过是他的一个愿望，从没真正去争取过。直到三年后的一天，他想起了一句话："如果让愿望更加明确，就会有实现的一天。"

于是，他当晚就开始设定自己希望的总业绩，然后再逐渐增加，这里提高5%，那里提高10%，结果顾客却增加了20%，甚至更高。这激发了吉野的热情。从此，他不论什么状况，任何交易，都会设立一个明确的数字作为目标，并在一二个月内完成。

"我觉得，目标越是明确，越感到自己对达成目标有股强烈的自信与决心。"吉野说，他的计划里包括"我想得到的地位、我想得到的收入、我想具有的能力"，然后，他把所有的访问都准备得充分完善，相关的业界知识加之多方面的努力积累，终于在第一年的年终，使自己的业绩创造了空前的纪录，以后的年头效果更佳。

吉野自己做了一个结论："以前，我不是不曾考虑过要扩展、业绩、提升自己的工作成就。但是因为我从来只是想想而已，不曾付诸行动，当然所有的愿望都落空了。自从我明确设立了目标，以及为了实现目标而设定具体的数字和期限后，我才真正感觉到，强大的推动力正在鞭策我去达成它。"

　　在平常生活、工作中，我们都会有自己的目标，达到目标而有所作为的人关键在于把目标细化、具体化。

人生不能没有进取心

实现自己既定的目标,就必须具有强烈的进取心。

1968年,也就是曼狄诺44岁那年,他写出了《世界上最伟大的推销员》一书,这是一部伟大的作品,它凝结了作者一生的心血。该书一经问世,即以22种语言在世界各个国家出版,不仅仅是推销员,还包括社会各个阶层人士,都被这部充满魅力的作品深深吸引。人们争相阅读,从中汲取了一股强大的精神力量。

奥格·曼狄诺于1924年出生于美国东部的一个平民家庭。在28岁以前,他是幸运的,读完了学校,有了工作,并娶了妻子。但是后来,面对人世间的种种诱惑,由于自己的愚昧无知

第五章 明确你的目标

和盲目冲动,他犯了一系列不可饶恕的错误,最终失去了自己一切宝贵的东西——家庭、房子和工作,几乎赤贫如洗。于是,他如盲人骑瞎马,开始到处流浪,寻找自己、寻找赖以度日的种种答案。后来,在一次到教堂做弥撒的时候,他认识了一位受人尊敬的牧师。也许是由于他苍白的脸庞和忧郁的眼神,牧师同他展开了交谈,并解答了他提出的许多困惑人生的问题。临走的时候,牧师送给他12本书,让他从中找到做人的道理。

从此,曼狄诺开始焕发出前所未有的生活热情和勇气。在以后的日子里,他当过卖报人、公司推销员、业务经理……在这条他所选择的道路上,充满了机遇,也满含着辛酸,但他已不可战胜,因为他拥有一种进取的力量。他认为,一个人要想做成大事,绝不能缺少进取的力量,因为进取的力量能够驱动你不停地提高自己的能力,把成大事者的天梯搬到自己的脚下。在这种力量的驱使下,终于在35岁生日的那一天,他创办了自己的企业——《成功无止境》杂志社,从此步入了富足、健康、快乐的乐园,并在44岁的时候出版了《世界上最伟大的推销员》。事后有人问曼狄诺为何会走向成功?他斩钉截铁地回答说:"因为我的身上有一股进取的力量,这股力量的来源就是我有一股进取心。"

一个没有目标的人,只能把精力放在小事情上,常常会忘记了去做能够体现自我价值的事,最重要的是他们甚至会不知道为什么要做目前正在做的事。一个有目标的人,通常能把自己应该做的事安排得条理分明,在目标达到时会自豪地说,我现在终于明白,当我自己成为什么样的人比我得到什么东西重要得多。

对于一个人的生命来说,没有什么比你的进取心更重要的了。如果你的态度是消极而狭隘的,那么,与之对应的就是平庸的人生。你必须以高于普通人的眼光来看待自己,否则,你只是一个小职员。你必须让自己去拥有更高的职位,以督促自己努力得到它;否则,你永远也得不到。不要怀疑自己有实现目标的能力,否则,就会削弱自己的决心。只要你在憧憬着未来,你其实就是在向着目标前进。

一个人想要过一个理想完满的人生,就必须先拟定一个清晰、明确的人生目标。要特别重视正确把握自己的目标,和限

第五章 明确你的目标

定达成目标的日期。

像这样设定明确的目标是非常重要的。如果能正确地把握自己的目标,并限定达到的期限,就能产生把自己的力量发挥到极致的意愿,为实现目标而全力以赴。

许多人之所以在生活中一事无成,最根本原因在于他们不知道自己到底要做什么。

在生活和工作中,明确自己的目标和方向是非常必要的。只有在知道你的目标是什么、你到底想做什么之后,你才能够达到自己的目的,你的梦想才会变成现实。

从前,德国有一位很有才华的年轻诗人,写了许多风花雪月、写景抒情的诗篇。可是他却很苦恼。因为,人们都不喜欢读他的诗。这到底是怎么一回事呢?难道是自己的诗写得不好吗?不,这不可能!年轻的诗人向来不怀疑自己在这方面的才能。于是,他去向父亲的一位朋友请教。

他父亲的这位朋友是位老钟表匠,听年轻的诗人述说完自己的苦恼后,一句话也没说,把他领到一间小屋里,里面陈列着各种各样的名贵钟表。这些钟表,诗人从来没有见过。有的外形像飞禽走兽,有的会发出鸟叫声,有的能奏出美妙的音乐……

老人从柜子里拿出一个小盒，把它打开，取出了一只式样特别精美的金壳怀表。这只怀表不仅式样精美，更奇异的是：它能清楚地显示出星象的运行、大海的潮汛，还能准确地标明月份和日期，唯一的缺点就是不能指示正确的时间。尽管这样，诗人还是感到这块表的惊奇，他认为是世上独一无二的，在世上根本买不到，诗人爱不释手。他很想买下这个"宝贝"，就开口问表的价钱。老人微笑了一下，只要求用这"宝贝"换下青年手上那只普普通通的表。

诗人对这块表真是珍爱之极，吃饭、走路、睡觉都戴着它。可是，过了一段时间之后，渐渐地对这块表不满意起来。最后，竟跑到老钟表匠那儿要求换回自己原来的那块普通的手表。老钟表匠故作惊奇，问他对这只珍异的怀表还有什么不满意。

青年诗人遗憾地说："它不会指示时间，可表本来就是用来指示时间的。我带着它不知道时间，要它还有什么用处呢？有谁会来问我大海的潮汛和星象的运行呢？这表对我实在没有什么实际用处。"

第五章　明确你的目标

老钟表匠还是微微一笑，把表往桌上一放，拿起了这位青年诗人的诗集，意味深长地说："年轻的朋友，让我们努力干好各自的事业吧。你应该记住：怎样给人们带来用处。"

诗人这时才恍然大悟，从心底里明白了这句话的深刻含义。

但是，试问一下，我们之中有几个人能够明白自己需要的东西是什么呢？有几个人能够做好自己应该做好的工作了呢？如果一个人能做好自己应该做好的事，哪怕是一个地位低下的人，只要他心中有一个明确的目标，也会成为创造历史的人；一个心中没有目标的人，只能是个平凡的人。一个人只要有了目标，人生就会变得充满意义，一切似乎清晰、明朗地摆在自己的面前。

记得有一次，李其云曾对我说过，一个人一开始可能确定不了自己的方向，只有在经过一段时间地摸索后，才能确定一个自己发展的目标。但这个目标的制定，一方面是基于自己的自信；另一方面是这个目标是可实现的。如果自己确定的目标被证明是正确的，那就应该坚定不移地为目标而奋斗。在奋斗的过程中，即使成功了，也不要成为自傲、自负的人。自信的态度与自我偏执、不允许自己犯错误、以自我为中心、失去客观立场等做法是绝不能画等号的。一个人只有树立正确的目标，才能不断追求进步。这就需要我们的明确目标，什么是应当去做的，什么是不应当去做的，为什么而做，为谁而做，所有的要素都是那么明显而清晰。

第五章 明确你的目标

明确的目标规划

当你无法从一楼蹦到三楼时，不要忘记走楼梯。要记住伟大的成功往往不是一蹴而就的，必须学会分解你的目标，逐步实施。

1984年，在东京国际马拉松邀请赛上，名不见经传的日本选手山田本一出人意外地夺得了世界冠军。当记者问他凭什么取胜时，他只说了"凭智慧战胜对手"这么一句话。

当时许多人认为这纯属偶然，山田本一在故弄玄虚。因为在人们看来，马拉松赛是体力和耐力的运动，只要身体素质好又有耐性就有望夺冠，爆发力和速度都还在其次，说用智慧取胜就更有点勉强了。

两年后，在意大利国际马拉松邀请赛上，山田本一再次夺冠。记者又请他谈经验，性情木讷的山田本一还是那句话："用智慧战胜对手。"许多人对此还是迷惑不解。

10年后，山田本一在自传中解开了这个谜，他是这么说的："每次比赛前，我都要乘车把比赛的线路仔细看一遍，并画下沿途比较醒目的标志，比如第一个标志是银行，第二个标志是红房子……这样一直画到赛程终点。比赛开始后，我以百米的速度奋力向第一个目标冲去，等到达第一个目标后，我又以同样的速度向第二个目标冲去。40多公里的赛程，就被我分成这么几个小目标轻松完成了。最初，我并不懂这样的道理，我把目标定在40公里外的终点线上，结果我跑到十几公里就疲惫不堪了，我被前面那段遥远的路程给吓倒了。"

你永远不可能强按着一头不想喝水的牛去喝水，同样，你也不可能在自己不喜欢的领域取得此生你所能取得的最大成就。目标是欲望的表达，"要什么"从来就比"怎样做"更为重要。但是目标不是欲望，目标更加具体，也往往给自己定了时限。它既有欲望的感情、牵动因素，同时也有自己做主，不让自己从散漫中游移的因素。

第五章　明确你的目标

丘吉尔曾经说过，当有人问他目标是什么时，他只能用两个字来回答，而这两个字就是"胜利"，就是要不计一切代价取得胜利，不论路有多长，路有多艰苦，也要取得胜利。因为没有胜利就没有生存，尤其是在现代社会中更要明白，目标缺乏是走向失败的开端。古罗马哲学家塞涅卡曾说过："有人活着没有任何目标，他们在世间行走，就像河中的一棵小草，他们不是行走，而是随波逐流。"

著名的哈佛商学院做了个实验，对一群青年人的人生目标进行了跟踪调查，结果显示：3%有十分清晰的长远目标，25年后发现这些人成了社会各界的精英、行业领袖；10%有清晰但比较短期的目标，25年后这些人成为各专业各领域、事业有成的中产阶级；60%只有的模糊目标，25年后他们依旧胸无大志、事业平平；27%毫无目标，这些人生活于底层，入不敷出。

事实真如实验所测吗？我个人认为不会偏离得太大。我把自己归于10%与60%之间，属于60%中偏向10%的那一类。既未立长志，也不常立志，但对所立之志的负责态度不可少。所以，人生是受目标驱使的，目标就是由一个一个的目的组成的。

我们知道，2003年受"非典"的影响，很多人的事业都遭受了失败，但我的一位朋友则是例外。当他的公司因"非典"关闭时，犹如当头一棒，在大约两三个月里，他的情绪都一直很低落，但最终他还是接受了这一事实，而且他的心态也为之一变，变得更加宽容、更加谦逊、更加懂得珍惜所拥有的一切。在勤奋工作之余，他从没有放弃对自己目标的向往。就这样，在经过两年之后，他取得了巨大的成功。当有人问他为什么能够在极短的时间内东山再起时，他回答说："每天给自己一个希望，就是给自己一个目标，给自己一点儿信心。希望是什么？是引爆生命潜能的导火索，是激发生命激情的催化剂。每天给自己一个希望，我们将活得生机勃勃，激昂澎湃，哪里还有时间去叹息、去悲哀，将生命浪费在一些无聊的小事上？生命是有限的，只要我们不忘每天给自己一个希望，我们就一定能拥有一个丰富多彩的人生。"

生活中有很多人没有确定的目标和抱负，没有规划良好的人生计划，而只是一天天地得过且过，我们不能不感到触目惊心。在生活的海洋中，我们随处都可以看到这样一些年轻人，他们只是毫无目标地随波逐流，既没有固定的方向，也不知道停靠在何方，他们在浑浑噩噩中虚掷了许多宝贵的时光。他们

第五章 明确你的目标

在做任何事时都不知道其意义之所在，他们只是被挟裹在拥挤的人流中被动前进。如果你问他们中的一个人打算做什么，他的抱负是什么，他会告诉你他自己也不知道到底要做什么。他只是在那儿漫无目的地等待机会，希望以此来改变生活。

正是绝大多数人对于自己未来的目标及希望只存有模糊不清的印象，因而他们通常到达不了目的地。试想，一个没有目标的人，又如何到达终点呢？明确的目标能够对生活产生巨大的影响力。它使得我们的努力凝聚到一处，并为我们的工作指明了奋斗的方向，因而我们的每一步都稳重而有力，我们的每一步都是朝向目标前进。

拿破仑·希尔说："没有目标，不可能发生任何事情，也不可能采取任何步骤。如果个人没有目标，就只能在人生的路途上徘徊，永远到不了任何地方。"生命本身就是一连串的目标。没有目标的生命，就像没有船长的船，最终只会永远在海中漂泊，到达不了彼岸。

我在青年时期决定的目标，就是建议人们要有信仰和信念，要有积极进取的态度，借此充分发挥个人的潜能，度过充实的人生。我把这个目标写在卡片上，以后有好几年都一直放在上衣口袋里。

我偶尔也会设定其他目标，所以把每一张卡片都放在口袋里，就这样，我的口袋总是装满了写上目标的卡片，每实现某个目标，就取出那张卡片。除此之外，我也把应用这个方法的朋友想要达到的目标抄下来，放在自己的口袋里，祈愿他们能够梦想成真。

我常和从事推销工作或商界的人士谈及这个实现目标的方法，有不少人使用这个方法获得了成功。

例如，从我在保险公司的全国性聚会的演讲中听到这个方法的一个青年，就是无数成功者中的一个。在这之前他虽然努力投入保险推销工作，但业绩始终不理想。

听了我的演讲后，他相信自己之所以不成功，就是因为没有认真想过要创下纪录的原因。他于是采取更积极的态度，在心里描绘自己获得最佳业绩的情景，下定了创纪录的决心。

那次演讲是在新年后不久举行的，后来他告诉我，那天他回到饭店的房里冷静思考了一会儿，决定了该年度的营业目标额。那是个"吓人的"数字，根据他过去的业绩来看，几乎是不可能达成的目标。

以下介绍的就是他写在纸上，在上衣口袋里放了一年的话

第五章 明确你的目标

语。他深信自己能够成功完全依靠这些话语：

今年是我最好的一年。

我要把所有的干劲和精力投入工作中，享受工作的乐趣。

以积极进取的态度，相信能达到高于去年50%的业绩。

我一定会实现这个目标。

"这样，那一年结束时，你获得了什么样的结果呢？"我问道。

他回答说："你能相信吗？营养额正好增加了50%。如果没有实行你教我的上衣口袋的方法，我可能仍旧徘徊在公司最低的业绩边缘。那个方法使我采取从来没有过的积极态度，激发了连自己都不知道的潜能。总之，我现在的业绩仍在持续增长中。"

"增加50%是很了不起的数字，在决定增加营业额时，你是怀着什么样的心情呢？"我继续问道。

他这样回答说："说起来很奇怪，我觉得一定能实现。我是个基督徒，常到教会去，所以每天念《圣经》上的话给自己听，'只要有一颗芥菜种子般大的信仰，就没有不可能的事'。《圣经》上所写的这些话真的很有用。现在就在我身上发生了效用,这是事实。"

"你做到了,不是吗?"我赞佩地问他。

他回答说:"哪里?事情才刚刚开始呢。要学习的东西太多了,一旦松懈,又会回到以前的样子,还会重复失败。我绝不会有一切都已经完成的想法,并因此心满意足,这是极大的错误。"他聪明地把自己的不安转向了积极创造。

所以,每个人手中都握着成功的种子和失败的种子,也都握着伟大的潜能。明确的目标是一件宝贵的工具,它是驱动一个人不断向上发展的原动力。

如果分析一下世界上的成功者,可以发现他们都有共同的特点,那就是他们对人生都有明确的目标规划。为了完成他们的目标,他们反复思考,努力实践。他们在积极地向自己的目标前进时,赢得了精彩的人生。

一个人若想拥有成功,首先要定义"成功"的界面,这个界面就是目标——一个明确的目标。它是所有行动的出发点。

第五章　明确你的目标

自己想要干什么

> 伟人之所以伟大，是因为他与别人共处逆境时，别人失去了信心，他却下决心实现自己的目标。

有一个25岁的小伙子，因为对自己的工作不满意，跑来向柯维咨询。他给自己设定的生活目标是，找一个称心如意的工作，改善自己的生活处境。他生活的动机似乎不全是出于自私心而且是完全有价值的。

"那么，你到底想做点儿什么呢？"柯维问。

"我也说不太清楚，"年轻人犹豫不决地说，"我还从没有考虑过这个问题。我只知道我的目标不是现在的这个样子。"

"那么你的爱好和特长是什么呢？"柯维接着问，"对于你来说，最重要的是什么？"

"我也不知道，"年轻人回答说，"这一点我也没有仔细考虑过。"

"如果让你选择，你想做什么呢？你真正想做的是什么？"柯维对这个话题穷追不舍。

"我真的说不准，"年轻人困惑地说，"我真的不知道我究竟喜欢什么，我从没有仔细考虑过这个问题，我想我确实应该好好考虑考虑了。"

"那么，你看看这里吧，"柯维说，"你想离开你现在所在的位置，到其他地方去。但是，你不知道你想去哪里。你不知道你喜欢做什么，也不知道你到底能做什么。如果你真的想做点什么的话，那么，现在你必须拿定主意。"

柯维和年轻人一起进行了彻底的分析。柯维对这个年轻人的能力进行了测试，他发现这个年轻人对自己所具备的才能并不了解。柯维知道，对每一个人来说，前进的动力是不可缺少的，因此，他教给年轻人培养信心的技巧。现在，这位年轻人已经满怀信心地踏上了成功的征途。

第五章 明确你的目标

现在,他已经知道他到底想干什么,知道他应该怎么做。他懂得怎样才能事半功倍,他期待着收获,他也一定能获得成功——因为没有什么困难能挡住他前进的脚步。

我们知道,目标有助于提升生活质量。1953年,耶鲁大学对毕业生进行了一次有关人生目标的调查。当被问及是否有清楚明确的目标以及达成的书面计划时,结果只有3%的学生做了肯定的回答。20年后,有关人员又对这些毕业多年的学生进行跟踪调查,结果发现,那些有达成目标书面计划的3%的学生,在财务状况上远高于其他97%的学生。

不少人会有这样的体验,虽然每天准时上班,每天按计划完成该做的事,但总觉得生活很呆板,缺乏活力。似乎该做的事都已经做了,生活中再也找不到还能去作选择和努力的地方。曾经就有这样一个被人们一致公认的成功人士,最后竟爬上楼顶,从上面跳了下去。

问题出在哪里?表面来看,是因为日复一复地过着同祥的生活方式,没有新鲜的感受,没有新的创意生成,产生了厌倦和疲劳,使身心感到耗竭。

再往更深的层次看。也许是目标定得不够高,成功后就再看不到更高的奋斗目标了；也许有着不切实际的预期。这样，无论学业、事业多么成功，都无法达到预期的要求；也许是认识不到自己工作的成就和价值；也许是把自己的目标定得太窄，于是生活变得刻板，没有生气。

由此可以看出，认真思考我们的生活目标有助于提高我们的生活质量，有助于我们走向成功。每个人都渴望成功，都渴望财务自由，都渴望干自己想干的事，去自己想去的地方，但很多人都失败了，这是为什么呢？这就是因为他们没有达成自己设定的目标或是愿望。

1970年，美国哈佛大学对当年毕业的天之骄子们进行了一次关于人生目标的调查：27%的人，没有目标；60%的人，目标模糊；10%的人，有清晰但比较短期的目标；3%的人，有清晰而长远的目标。

1995年，即25年后，哈佛大学再次对这一批1970年毕业的学生进行了跟踪调查，结果是这样的：3%的人，25年间他们朝着一个既定的方向不懈努力，现在几乎都成为社会各界的成功人士，其中不乏行业领袖、社会精英；10%的人，他们的短期目标不断实现，成为各个行业、各个领域中的专业人士，大都生活

第五章　明确你的目标

在社会的中上层；60%的人，他们安稳地生活与工作，但都没什么特别突出的成绩，他们几乎都生活在社会的中下层；剩下27%的人，他们的生活没有目标，过得很不如意，并且常常在抱怨他人、抱怨社会、抱怨这个"不肯给他们机会"的世界。

其实，他们之间的差别仅仅在于：25年前，他们中的一些人知道自己的人生目标，而另一些人不清楚或不是很清楚自己的人生目标。

所以，要成功就要设定目标，没有目标是不会成功的，没有目标生活就会一团糟，那么，如何确定自己的生活目标呢？为了确定我们的生活目标，拿破仑·希尔建议：闭上眼睛一分钟，想象一下从现在开始，10年后你的生活是什么样子，要对自己有信心。确定一个能满足你生活中需要和渴望的目标是很重要的。

第六章 自信，让你走得更快

稍微走快一点

<blockquote>没有天生的信心，只有不断培养的信心。</blockquote>

日本的"电子之父"松下幸之助就是这样一位富有智慧、善于洞察未来的成功人物。每当人们问及他成功的秘诀时，他总是淡淡一笑，说："靠的是比别人稍微走得快了一点儿。"

1917年，松下幸之助在确立自己事业的方向时，靠的就是在自己智慧基础上形成的强烈的超前意识。严格地讲，松下幸之助同电器结下不解之缘并没有内在的必然联系，他的祖上经营土地，父亲从事米行，而他进入社会首先是涉足商业，所有这些都与电器制造相隔甚远，况且有关电器的行业在当时只是凤毛麟角。然而，他深信电器作为一种新式能源，在给人类带来方便的同时，也会带来更多的欲望；灿烂的电气时代如同电灯一样将会照亮人类生活的每个角落。因此，若投身电器制造，前途一定会很灿烂。尽管在创业伊始，他就受到挫折和打击。然而，这种超前意识使他有了坚强的信念和必胜的信心。正是由于"稍微走得快了一点儿"，使得"松下电器"从无到有，从小到大。

第二次世界大战结束后，世界又恢复了新的和平。遭受战争创伤的人民，在新的和平环境里又重新燃起了生活和工作的热情。睿智的松下幸之助又"超前"地看到"新文明"将带来世界性的家电热。对于"松下电器"，这既是一次发展壮大的难得机会，又是一次艰巨而又严峻的挑战。松下幸之助正是凭借"稍微走得快了一点儿"这一信念，大刀阔斧地进行机构调整和技术改革，从而使"松下电器"在新的挑战中得到了前所未有的发展。

20世纪50年代，松下幸之助第一次访问美国和西欧时发现：欧美强大的生产力主要基于民主的体制和现代的科技，尽管日本在上述方面还相当落后，然而这一趋势将是历史的必然。松下幸之助正是把握住了这一超前趋势，在日本产业界率

第六章 自信，让你走得更快

先进行了民主体制改革。政治上给予产业充分的自主权，建立了合理的劳资体制和劳资关系。经济上他改革了日本的低工资制，使职工工资超过欧洲，接近美国水平，并建立了必要的职工退休金，使员工的物质利益得到充分满足。劳动制度上实现每周5天工作日，这在当时的日本还是第一家。松下幸之助认为：这一改革并非单纯增加一天休息，而是为了进一步促进产品的质量。好的工作成就产生愉快的假日，愉快的假日情绪又带来更高的工作效率。只有这样，生产才能突飞猛进，效益才能日新月异。

我们知道，一个人要放弃短识，把目光放在最远处是需要很大决心的。一个善于迅速决断的人，只要清楚自己想要什么，通常都能够得到。无论何种行业的领导者，只要他在作出决断时知道自己的目的地在于何处，他总能在这个世界上找到自己的一席之地。所以，一个想成就大事的人，不能没有远见，即把目光盯在远处，要确定自己人生的方向，用远大之志激发自己，并咬紧牙关、握紧拳头，顽强地朝着自己的人生方向走下去。没有这种品性的人，是绝对不可能成大事的，甚至连小事都做不成。

　　当然，下定决心成就大事是需要很大勇气的。那些为了人类幸福而奋斗的人，当他们选择了这条道路时，为了这个决心所付出的是生命。为了找到合适的工作，在人生中实现自己的价值，并不需要下那么大的决心，我们所付出的只是金钱。因此，对于那些想有所作为的人来说，他们是一些具有远见卓识的人，他们认为只有把目标盯在远处，才能有大志向、大决心和大行动。那么，远见是一种什么东西呢？作家李其云说："远见是经过我们深思熟虑，并能将自己将要实现的事情有所规划的一种构想。"

　　举例来说，沃尔特·迪士尼有远见。他想象出一个这样的地方：那里是一个充满童话般的世界，孩子们欢天喜地，全家人可以一起在新世界探险，小说中的人和故事在生活中出现，触摸得到。这个远见后来成为事实，首先在美国加州迪士尼乐园，后来又扩展到美国的另一个迪士尼乐园，还有一个在日本、一个在法国。

　　没有远见的人只能看到眼前的、摸索得着的、手边的东西。相反，有远见的人心中装着整个世界。远见跟一个人的职业无关，他可以是个货车司机、银行家、大学校长、职员、农

第六章　自信，让你走得更快

民。世界上最穷的人并非是身无分文者，而是没有远见的人。

远见其实跟正确思维方式一样，并不是天生的，我们生下来不会具备看到机会和光明未来的能力。远见是一种可以培养出来的本领。这种本领也可能被压抑。对于一个有远见的舵手来说，灯塔其实比马达更重要，因为如果没有正确的方向，越强大的马达只能使航船离目的地越远。

我们知道，一个人只有有远见，就具有改变人生的力量。虽然人人皆可达成，但有些人在实行时还是会发生困难。但对那些敢于克服困难的人来说，只要他们心中有了远见，就好比在内心深处有了一盏明灯。

李其云就是一个有理想、有远见的创业者。在他创业的时候，一切创业的环境、机遇、条件都变了，但他还是说："我现在去创业，可以说是一段不断挑战自我、不断超越自我的过程，我们只要树立了目标，就能培养出一种勇于创新的精神，劈波斩浪，开创一片属于自己的辉煌历史。"

在这个信念的驱使下，李其云经过认真思考，决心抓住机遇，开拓进取，朝着更宏伟的目标迈进。

李其云通过调查，决定在文化领域之外去开拓一个新的领域。他认为，要向大目标走去，就得从小目标开始。不要一门心思地想什么第一，只需要我们有远大的理想，就能给自己增强信心，就能从最低的台阶一级一级向上攀登。如果一开始就瞄准山顶，不仅会失去许多欣赏山景的机会，而且还会由于途中的一些制约，致使最终不能达到顶峰。他认为，无论做什么事情，只要全力以赴，努力去做了，就一定有实现的可能。

于是，李其云就回到云南去开拓新的事业，重新组建了包括养殖、种植、食品加工、生物保健、制药为一体的企业联合体。

现在李其云又开始了新的构想，他认为成功就是不断接受挑战，并敢于尝试；成功就是善于用自己的行动，将一切不利因素都变成有利因素；成功就是不断地挑战新的目标。

现在，李其云对自己的企业发展已经有了科学的规划，形成了比较优化的产业结构。当人们问他为什么会这样做时，他说："通常情况下，微小的努力在远大理想面前常常是微不足道的，但如果把远大目标分成若干个小目标，就会令人更容易获得力量，更有助于理想的实现。"

从李其云的身上我们可以看到，一个人一生的成败，全系于意志力的强弱，具有坚强意志力的人，遇到任何艰难障碍，

第六章　自信，让你走得更快

都能克服困难消除障碍。但意志薄弱的人，一遇到挫折，便想到退缩，最终归于失败。实际生活中有许多青年，他们很希望上进，但是意志薄弱，没有坚强的决心，没有破釜沉舟的信念，一遇挫折，立即后退，所以终遭失败。

从不可能到可能

> 人之所以能，是相信能。

早在19世纪80年代，密歇根州有远见的商人就建议在麦基奈克湖峡上建一座桥。铁路已经有一条支线向东穿过密歇根州半岛到湖峡北岸的圣伊格雷斯，也有一条支线从底特律向北到湖峡南岸的麦基劳市，而以渡船运送旅客和货物来往于分隔这两条铁路终端的2.5公里宽的水面。到了冬天的时候，清湾结了冰，渡船不能动了，大大影响了半岛上经济的发展。

但是，当人们在倡议建桥的时候，却遭到了"不可能"的反对。在他们看来，要想在湖面上建一座桥无异于是天方夜谭，是不可能实现的。还有一部分自作聪明的人说建桥是不可

第六章 自信，让你走得更快

能的，因为永远没有办法建出一座能抵挡横扫湖峡强风的桥；又有人说建桥是不可能的，因为冬天里的厚冰的压力会压碎、损坏桥柱和桥基；更有人认为建桥是不可能的，因为湖峡的底床是泥板岩，不能承受桥基的重量。

几十年来这些反对的理由阻延了建桥的进展，在第二次世界大战结束后不久，普伦第士·布朗参议员出面安排，对这些所谓的障碍做了一番科学的调查研究。

调查发现，湖峡所曾记录的最大风速，是在1940年10月一次暴风雨中的每小时125公里，而土木工程师证实可以设计出能承受2.5倍于这个风速的桥。工程师也定出了桥和桥基的规格，足以承受地球上最大的冰面的5倍压力。测试显示，湖峡下面的岩石可以承受超过每平方米55吨的压力，桥基也可以保持在每平方米只产生13吨以下的压力。

一旦推翻了以往悲观主义的说法之后，这座长久以来被认为"不可能"的桥就有可能制订建筑计划。但是，就在开工的时候，华盛顿州塔柯玛的一座桥，因为峡谷下面的风力上顶桥身，突然垮了下来。如果麦基奈克湖峡也出现了向上吹的强风,那会发生什么样的惨剧呢?但是这个阻碍建桥的问题很快就有了解答,工程师以塔柯玛灾难为借鉴,认识到在桥面设置空格的重要性,因为这样上扬的风就有了出路。

这样,一座长期以来梦想中的横跨麦基奈克湖峡的大桥——被认为不可能的桥,终于建成了,一共2.5公里长,高出水面184米。筑桥工程的主任宣称:"只要有足够的意志力、足够的头脑和足够的信心,几乎任何事情都可以做到。"他说得太正确了。不是不可能,只是暂时还没有找到方法。

说到不可能这三个字,这里还有一个故事也许对大家会有所启示。拿破仑·希尔博士是美国成功学的创始人,他在年轻时就想成为一名作家,但我们知道,一个人想要在写作方面功成名就,非要有过强的文字功底和语言功底。尤其是对于用英文写作的拿破仑·希尔来说,他要实现作家的梦想,就必须精于遣词造句,那么字典就是他写作备用的参考工具。

可是,拿破仑·希尔在小的时候,由于家里很穷,没有接受系统的教育,因此在别人看来,他要实现当作家的梦,简直是做白日梦,根本"不可能"实现。

但是，年轻的希尔并没有因为他人的打击而停止不前，他接着就用打零工挣来的钱买来了一本最好的、最完整的、最漂亮的字典，他认为在这本字典里，他所需要的单词都将会无所不包。但是，他想到朋友们的劝诫，认为他要实现当作家的梦想，那是根本"不可能"实现的，于是，他做了一件很奇特的事。他找到"不可能"这个词，用剪刀把它剪下来，然后丢掉，于是，他便有了一本没有"不可能"的字典。

以后拿破仑·希尔把整个事业建立在没有"不可能"的前提下，他刻苦钻研，不停地写作，最终成为美国商政两界的著名导师，被罗斯福总统誉为"百万富翁的铸造者"。他的著作《人人都能成功》成为世界畅销书。

所以，一个人无论做什么事，尤其是在担当重任或大胆创新的时候，就需要自信，而不是只有在成功之后才拥有自信。

在我们的人生历程中，我们所有的成功，都取决于我们自己，因为我们的命运由我们自己主宰，我们为了实现自己的人生价值，没有人可以取代我们，我们必须有一股不可能的气量。我们知道，在我们的内心深处，都存在着一种潜意识，这种潜意识就是我们付出了什么，就会有什么样的收获，我们选择了怎样的心态、思想方法和思维方式,就决定了我们会有什么样的成就!

第六章 自信，让你走得更快

想做就大胆地去做

> 相信就是强大，怀疑只会抑制能力，而信仰就是力量。

有这样一个年轻人，他的生活极为艰难，如同在苦海中挣扎。他曾经有相当长的一段时间没有工作。最后找到了一个工作，但那是一个丝毫不值得去骄傲的工作。但是，这个年轻人却选择了一种积极的思想，他对各种物质充满了希望，他总是幻想着他能够实现一切。结果过了一段时间后，他的生活有了改善。

又过了不久，这个年轻人在大街上捉到一只老鼠。他把老鼠送到一家药铺，得到一枚铜币。他用这枚铜币买了一点儿糖浆，兑上水给花匠们喝后，花匠们每人送他一束鲜花。他卖掉这些鲜花，便积聚了8个铜币，买了一些糖果。

一天，风雨交加，御花园里满地都是被狂风吹落的枯枝败叶。年轻人对园丁说："如果这些断枝落叶全归我，我可以把花园打扫干净。"园丁们很乐意："先生，你都拿去吧！"年轻人走到一群玩耍的儿童中间，分给他们糖果。顷刻之间，他们帮他把所有的断枝败叶捡拾一空。皇家厨工到御花园门口看到这堆柴火，便买下运走，年轻人得到了16个铜币。

年轻人在离城不远的地方摆了一个水罐，供应500个割草工人饮水。不久他又结识了一个商人，商人告诉他："明天有个马贩子带400匹马进城。"听了商人的话，他对割草工人说："今天请你们每人给我一捆草，行吗？"工人们很感激年轻人为他们提供饮水，便都很慷慨地说："行！"马贩子来后，需要买饲料，只有年轻人这里草多，他便出1000个铜币买下了这个年轻人的500捆草。

几年后，年轻人成了远近闻名的富翁。他发家的本钱是用一只老鼠换来的一枚铜币。很多时候，富翁就诞生在我们身边，那些做小生意的人说不定哪天就成了大商人。

第六章 自信，让你走得更快

这个年轻人的行为告诉我们，当我们逐渐建立起想得到它或买下它的想法时，在心中你就已经逐渐建立起了期待的想法。即使是一枚看似平常的铜钱，也身具惊人的魔力。只要我们懂得利用它，就可以凭借微不足道的资金实现我们的创富计划。这对于那些大肆挥霍、不懂得积累的人们来说是一个警醒：当他们再一次埋怨没有创富的资本时，这本身已构不成一个理由！积极行动者做了想做的事情，结果增加了自信心和安全感，得到了更多的收入，更加独立自主。消极等待者没有做想做的事，结果丧失自信心和独立自主的能力，只能过着平庸的生活；积极行动者是干了再说，消极等待者是说了也不干……

曾有这么一件事，一个女人有个很可爱的儿子。这个女人有个习惯，她不断地告诉儿子如果他犯了错误，上帝就会处罚他。结果儿子总是感冒。这位母亲简直要发疯了，她不知道该怎么办好。后来她明白了，你不能对一个孩子说那种话。你应该对孩子讲上帝很爱他。她把这些话讲给儿子听，结果儿子就再也不感冒了。这个母亲感到很惊讶，甚至是大吃一惊。从这里你就可以明白，只要这位母亲选择告诉儿子上帝会惩罚他，儿子就总是感冒——当她选择告诉儿子上帝很爱他的时候，事情就会发生了变化。是什么带来了这种变化？是上帝使这一切发生了变化吗？是这位母亲，她选择了一种正确的方式将上帝展现在孩子面前，这改变了孩子的生活，也改变了她自己的生活。

那么，我们必须意识到，没有任何我们自身之外的东西会伤害到我们。上帝不会伤害我们，上帝爱我们。只要我们在内心深处建立起一个美好的愿望，生活就会给我们一个美好的回报。而这个愿望，则需要我们用自己最擅长的能力去实现。

怨天尤人改变不了命运，只会耽误你的光阴，使你没有时间取得成功。如果你想要"赶上好时间、好地方"，就去找一件令你能够拼上一拼的工作，然后努力去干。

卡内基就是一个干了再说的人，他因此总是能够抓住机会，取得人生的成功，成了世界级名人，写的书在全球畅销不衰。

卡内基在没有出名之前，曾经在本雪尔文尼亚铁路分段做临时工。

一天早晨，在去办公室的路上，卡内基发现一辆被撞毁的车子堵住道路，运输陷于混乱。可是当时铁路分段长不在，这样的事情只有分段长才有权处理。

第六章 自信，让你走得更快

遇到这种情形该怎么办呢？

最保守的办法就是什么也不做，因为只有铁路分段长才有权力发出调车的命令，别人如果不经批准就贸然去做，会受到处分或被炒鱿鱼。

卡内基看到这种情况，可能也没有考虑这么多，自己就发出调车的命令……

等分段长回来的时候，阻塞的铁路已经畅通了。分段长很惊讶，但什么也没说。后来，铁路局局长也知道了这件事，他十分赞赏卡内基的做法。不久卡耐基便升为分段长的私人秘书。到了24岁时，他成了这条铁路的分段长。

相信自己行就一定行

> 一个人除非相信自己行，才能取得成功。

当华盛顿发生暴乱，政府万分恐慌之时，一个人站出来对林肯说："我知道有一位年轻的军官叫格兰特，他可以控制这场暴乱。"

"赶快叫他来控制这场暴乱。"林肯对这个人命令道。

格兰特接到了命令。他来了，他平息了暴动，获得了林肯的信任。然后，他统帅了北方军，赢得了内战胜利。

1862年3月9日，面对南方军的进攻，格兰特在康涅狄格架起桥，并率众在桥头集结。他的后面是6000人的庞大军队；格兰特在桥头集合了4000榴弹兵，前面又布置了300名枪手。战

第六章 自信，让你走得更快

斗刚一打响，最前面的士兵在一片散弹的爆炸声中冲过了街墙的掩护，刚要通过大桥的入口。但突然间，冲在最前面的士兵纷纷倒下，如同大海的波浪一般。紧接着，整个北方停止了前进，有人甚至开始后退，英勇的榴弹兵被眼前的情形吓得不知所措。

格兰特一言不发，拔出战刀亲自冲到队伍的最前面，他的助手和将军也冲到了他的身旁。在格兰特的带领下，这支队伍跨过前进道路上的士兵尸体快速前进，仅用了几秒钟就逼进了敌人。南方军的猛烈火势根本不能阻止格兰特快速前进的步伐。在南方军队的士兵眼中，北方军前进的速度实在是太快了。

奇迹发生了！南方军的炮手放弃了抵抗，他们的后备军也没有胆量冲上前与北方士兵交战，他们溃不成军。就这样，格兰特站到了征服南方军的前沿阵地。

事后，有人问格兰特是什么促使他成功，他回答道："我相信我自己一定会成功，所以我冲到了队伍的前面。"

为了向别人、向世界证明自己而努力拼搏，而一旦你真的取得了成绩，才会明白：人无须向别人证明什么，只要你能超越自己。

　　在奋斗者眼里，生活是伟大而又光荣的挑战。只要我们相信自己行就一定行，如果我们渴望更远大的抱负，那么这就更不在话下了。但我们会问，该怎么去做呢？成功学家胡巴特作了说明，他认为这个世界愿对一件事情赠予大奖，包括金钱与荣誉，这就是要相信自己行就一定行，结果的取得需要我们不断地去奋斗。

　　什么是奋斗呢？我告诉你，那就是主动去做应该做的事情。仅次于主动去做应该做的事情的，就是当有人告诉我们怎么做时，要立刻去做。更次等的人，只在被人从后面踢时，才会去做自己应该做的事，这种人一辈子都在工作，却又抱怨运气不佳。最后还有更糟的一种人，这种人根本不会去做他应该做的事，即使有人跑过来向他示范怎样做，并留下来陪他做，他也不会去做。他大部分时间都在失业中，因此，易遭人轻视，除非他有位有钱的老爸。但如果是这个情形，命运之神也会拿着大木棍躲在街头拐角处，耐心地等待着。

　　写到这里，我想问大家，我们属于胡巴特所写的哪一种人呢？这就取决于我们做一个什么样的人。例如，《世界上最伟大的推销员》的作者奥格·曼狄诺说："我是自然界最伟大的奇迹。自从上帝创造了天地万物以来，没有一个人和我一样，我的头脑、心灵、眼睛、耳朵、双手、头发、嘴唇都是与众不同的。言谈举止和我完全一样的以前没有，现在没有，以后也不会有。虽然四海之内皆兄弟，然而人人各异。我是独一无二的造化。"

奥格·曼狄诺话说得太到位了，只要我们对自己充满信心，一切困难都不是问题。

美国发明家爱迪生在介绍他的成功经验时说："什么是成功的秘诀，很简单，无论何时，不管怎样，我也绝不允许自己有一点点灰心丧气。"格兰特的身上也正是具备了这个特质，他相信自己一定能够战胜一切困难，他不害怕挫败，他不放弃一切，所以他创造了奇迹。

我们每个人都要相信自己行，我们要明白自己是唯一的，自己是一流的。只要我们为自己奋斗了，就没有不成功的理由。

以自信对待自己

　　　　　没有天生的信心，只有不断培养的信心。

　　美国布鲁金斯学会有一位名叫乔治·赫伯特的推销员在2001年5月20日这天，成功地把一把斧子推销给了美国总统小布什。这是继该学会的一名学员在1975年成功地把一台微型录音机卖给尼克松后在销售史上所谱写的又一宏伟篇章。

　　乔治·赫伯特推销成功后，他所在的布鲁金斯学会就把刻有"最伟大推销员"的金靴子赠予了他。

　　布鲁金斯学会创建于1927年，该学会以培养世界上最杰出的推销员著称于世。布鲁金斯学会有一个传统，就是在每期学员毕业时，都会设计一道最能体现推销员能力的实习题，让学

第六章 自信，让你走得更快

员去完成。

克林顿当政期间，布鲁金斯学会设计了这样一个题目：请把一条三角裤推销给现任总统。在克林顿执政的8年时间内，众多学员为此绞尽脑汁，最后都没有成功。克林顿谢任后，布鲁金斯学会把题目换成：请把一把斧子推销给小布什总统。

当这个题目公布之后，许多学员都认为这是不可能做到的，有的学员认为想把一把斧子卖给小布什简直是太困难了，同样会同把一条三角裤卖给克林顿一样，毫无结果。因为现在的布什总统什么都不缺少，即使缺少，也用不着你去推销，更不用说他亲自去购买，他完全可以让其他人去购买，但也不一定要买你的。

但是，乔治·赫伯特却没有产生如此消极的想法，他也没有找任何借口不去做，他认为不管结果如何，只要自己去做了，即使没有结果也没关系。在乔治·赫伯特看来，做总比没做要好，把一把斧子推销给小布什总统是完全有可能的，因为布什总统在得克萨斯州有一个农场，里面长着许多树。于是乔治·赫伯特就给布什总统写了一封信说："有一次，我有幸参观您的农场,发现里面长着许多矢菊树,有些已经死掉,木质已变得松软。我想,您一定需要一把小斧头,但是从您现在的体质来看,这种小斧头显然太轻,因此您仍然需要一把不甚锋利的老斧头。现在我这儿正好有一把这样的斧头,它是我祖父留给我的,很适合砍伐枯树。假若您有兴趣的话,请按这封信所留的信箱,给予回复……"

在乔治·赫伯特把这封信寄出去不久,布什总统就给他汇来了15美元。

乔治·赫伯特成功后,布鲁金斯学会在对他进行表彰时说:"金靴子奖已空置了26年。26年间,布鲁金斯学会培养了数以万计的百万富翁,这只金靴子之所以没有授予他们,是因为该学会一直想寻找这么一个人,这个人不因为某一目标不能实现而放弃,不因某件事情难以办到而失去自信,有些事情只是因为我们失去了自信,才显得难以做到。"

从乔治·赫伯特把斧子卖给布什总统这件事来看,自信对于每个人都非常重要。无论我们面临的是学习还是工作上的压力,无论我们身处顺境还是逆境,只要我们有自信,就可以

第六章　自信，让你走得更快

用它神奇的放大效应为我们的表现加分。因此，只要我们有信心，在别人看来不可能成功的事也会有成功的可能。

坚强的自信，便是伟大成功的源泉，不论才干大小、天资高低，成功都取决于坚定的自信力。相信能做成的事，一定能够成功。反之，不相信能做成的事，那就绝不会成功。

一个从来都没有被他人所打败的人，而打败他的恰恰是他自己，你想要成就大事，就必须充分地相信自己。

只有坚强的自信，才能对自己所从事的事业充满力量。坚强的自信，便是伟大成功的源泉，不论才干大小、天资高低，成功都取决于坚定的自信力。相信能做成的事，一定能够成功。反之，不相信能做成的事，那就绝不会成功。

只有对自己充满自信，就会精力充沛、豪情万丈，活得有滋有味。如果我们都觉得自己萎靡不振，一事无成，可以想象这种生活是一个什么样子。胸无大志，自认为是多余的人，甚至自暴自弃，破罐子破摔，这等于是精神自杀，这样的人怎么会有所成就呢。

罗纳德·里根是美国第40任总统，他就是一个充满自信的人。在成为总统之前，他只是一个很普通的演员，但他立志要当总统，并相信自己一定可以成为总统。

22~54岁,里根一直在文艺圈中,对于从政完全是陌生的,更没有什么经验可谈,这可以说是个拦路虎。但当机会到来时,共和党内的保守派和一些富豪们竭力怂恿他竞选加州州长时,里根毅然决定放弃大半辈子赖以为生的原职业,坚决地投入到从政生涯中。结果大家都清楚,里根成为美国第39任总统。

所以,一个人如果不相信自己能做那些从未做过的事,他绝对做不成。只有领悟到这一点,不依赖于他人的帮助,不断努力,才能成为杰出人物。所以,任何人都要有坚强的意志,要相信自己。

拿破仑亲率军队作战时,他的军队的战斗力会增强一倍。原因是,军队的战斗力在很大程度上取决于士兵们对统帅的敬仰。如果统帅抱着怀疑、犹豫的态度,全军便要混乱。拿破仑的自信与坚强,使他统率的每个士兵都增加了战斗力。

一个人的成就,绝不会超出他自信所能达到的高度。如果拿破仑在率领军队越过阿尔卑斯山的时候,只是坐着说:"前面是一座山,难以跨越的高山。"那么,军队就很难鼓起勇气前行。所以,无论做什么事,坚定不移的自信力是达到成功所必需的重要因素。

有一次,一个士兵骑马给拿破仑送信,由于马跑的速度太

第六章 自信，让你走得更快

快，在到达目的地时，马猛跌了一跤，就此一命呜呼。拿破仑接到了信后，立刻写了封回信，交给那个士兵，吩咐士兵骑着自己的马，从速把回信送去。

那个士兵看到那匹强壮的骏马，身上装饰得无比华丽，便对拿破仑说："不，将军，我只是一个平庸的士兵，实在不配骑这匹强壮的战马。"

拿破仑回答道："世上没有一样东西，是法兰西士兵所不配享有的。"

世界上到处都有像这个法国士兵一样的人！他们以为自己的地位太低微，别的种种幸福是不属于他们的，以为他们是不配享有的，以为他们是不能与那些大人物相提并论的。这种自卑的观念，往往成为不求上进、自甘堕落的主要原因。

有许多人这样想：世界上最美好的东西，不是他们这一辈子所应享有的。他们认为，生活上的一切快乐，都是留给一些命运的宠儿来享受的。有了这种卑贱的心理后，当然就不会有出人头地的念头。许多青年男女本来可以做成大事、立大业，但实际上尽做小事，过着平庸的生活，原因就在于他们自暴自弃，没有远大的希望，不具备坚定的自信。

可怕的内心力量

> 自己打败自己是最可悲的失败，自己战胜自己是最可贵的胜利。

几天前，我接触了一件事，这件事使我获益匪浅。它不仅让我从生活中得到磨炼，从生活中获得知识，从生活中获得成长，还让我认识到了什么是尊严。更重要的是让我明白了，我们都是幸运的，当别人在拒绝我们的时候，只要我们坚持，也就意味着成功已经开始走向我们。

我为什么有如此深的感悟呢？我有一位老乡在一个工地搞建筑。我们都知道，虽然国家三令五申不能拖欠农民工的工资，但一些建筑老板还是迟迟不给农民工发工资。正好，我这

第六章　自信，让你走得更快

位老乡由于家里面出了点儿事，急需用钱，便去向老板要钱。

他对我说，那天他去要钱的时候，他事先没有给他的老板打电话，而是直接就去找老板。到了老板的办公室，他没有敲门就走了进去，进去之后，他一句话也没有说，只是一声不吭地站在门的旁边。

过了一会儿，老板抬起头看见了我这位农民朋友，于是粗鲁地对他喊道："你在这里干什么？快出去。"

我这位老乡站着没有动，而是低声地说道："马总，我现在家里急着用钱，你能把已经拖欠了我一年的工资给我吗？"

"现在没有钱，工地的事你也知道，过几天再说吧！"老板说到这里，把手挥了挥说，"你还是先回去吧。"

"可是……"我这位老乡没有说下去，但他也没有走，而是一声不吭地站着不动。

老板仍旧在做他的工作，并没有注意到我的这位老乡没有离去。又过了一段时间，当他抬起头看见我的这位老乡还站着没动时，他生气地大声吼道："你为什么还不走，如果你再不走，我叫保安了！"

我的老乡回答说:"是,马总,我马上走。"但他还是站在那儿不动。

老板这次没有接着工作,而是抬头看着我的这位朋友,他希望我的朋友尽快从他的眼前消失。可是,他失望了,我的这位老乡没走,于是他怒气冲冲地站了起来,抓起了电话说道:"你再不走,我叫保安了!"

不料我的这位老乡却向前迈了一步,盯着他,大声喊道:"我今天一定要要回我的工资,不用说你叫保安,就是打110,你也一定要支付我工资。"

后来出现了意想不到的结果,只见老板慢慢地放下了电话,弯腰从抽屉里拿出保险柜的钥匙,打开保险柜,取出一摞钱说:"你给我打张收据,先拿走这一万吧,剩下的以后再说吧!"

我的这位老乡打了收据,收了钱。他看着眼前这个被他征服的人,一点点地退到门口,然后转身走了。

后来我还听说,我的这位老乡走了之后,他的老板坐到椅子上,眼睛盯着窗外的天空,发了足有10分钟的呆,他在想:太可怕了,一个人只要释放出内心的力量,太可怕了。

第六章 自信，让你走得更快

通过这件事，我也在思考，我的这位老乡为什么能做到这一点？为什么他的老板一改再改往日的态度，并支付了一部分所欠的工资呢？就是一股神奇的力量使我的这位老乡改变了他老板的态度。所以，如果我们希望出类拔萃，也希望生活方式与众不同，我们就必须明白一点，只要我们能够释放出内心无比的能量，就会化恐惧为前进的动力，就可以在生命中得到突破，剧烈地提升生命的品质，就可以将梦想转变成现实。我们知道，我的老乡去要钱是受制于人的，但他没有畏惧，而是释放出了自我的内在力量，结果把自己的潜能释放出来了，达到了自己的目的。

在自我奋斗的过程中要想成功，必须正确地对待自己。我们要在一成不变的生活当中了解自己想要的东西、找到自己真正想要的东西，就需要去不断地努力，不断地拼搏。同时，我们还要明白，生活中，我们不能把希望寄予别人。俗话说：靠天靠地不如靠自己，自己的道路自己走，只有自己为自己奋斗，才能为自己创造发展的机会、成功的机会。但在这个过程中，我们应该承担起自己应该承担的责任，只有为自己负责，为社会负责，我们才能骄傲地说，我已经正确地对待自己了！

　　心安，就能使我们坦然面对生活中的每一件事情，我们就能够胸怀大志却不浮躁着急，就会心安理得地享受大自然给予我们的阳光、空气等，因为我们已经知道在我们的心里都藏着一种神奇的东西。这些东西也许是亲情，也许是友情，也许是爱情，而对于这些神奇的东西，我们不知道它究竟是如何发生何时发生，但我们却知道它总会带给我们特殊的礼物。

　　然而，面对这些特殊的礼物，我们是否在每天清晨醒来，都要反问自己：今天为了实现自己的人生目标该做些什么？只要利用好每一天，我们的人生是否就会精彩纷呈。

　　为自己奋斗！没有人能只依靠天分成功，只有通过自己的努力才能走向人生的巅峰。如果你永远保持勤奋的工作态度，就会得到他人的称许和赞扬，就会赢得老板的器重，同时也会获得更多升迁和奖励的机会。

　　事实正是如此，我们每个人身上都拥有无穷无尽的力量。这种力量，一旦运用得当，将带给你无穷无尽的宝藏。这种力量，也许就是向一位朋友述说，让他们倾听我们内心的话，与我们分享每一句赞美，结果使我们走向了成功。

　　在生活中，千百万的人都在抱怨命运不济，他们厌倦生

第六章　自信，让你走得更快

活，他们的心房永远是关闭着的。他们害怕亲人、朋友，以及周围世界的运转方式。他们没有意识到在他们身上同样有着一种力量，这种力量就是他的朋友、亲人，他周围的世界都在为他敞开心门，他们希望他获得新生。

　　李其云的这段话使我感慨颇深。在生活中，只有我们认识到自己的积极心态，才能创造奇迹，而这个世界上最重要的人就是我们自己，只要我们具备一种积极向上的思想，对成功的渴望，我们也就有了不断取得成功的动力。我们中的大多数人都知道自己想要什么，但由于生活的变化无常，使自己变得麻木、呆板，潜藏在内心深处的能力得不到发挥。当生命不断前行的时候，一个人可能会一次又一次、许多次地处于逆境中，只要我们面对这些逆境时，在情绪上作出一点儿改变，就会感到快乐，就会产生一种意识：尽管人生是艰难的，但一切都会过去；尽管人生就是战斗，但我们最终会成为赢家。在这样的信念驱使下，我们就会发现：一个充满积极能量的人在面对困难时，是没有理由轻视自己生命的，他应该积极面对人生，应该相信自己能够实现渴望的一切。只要我们能够正确地对待自己，一切就在我们的掌握之中。我们只要相信能够得到某些东西，并且产生一种强烈的渴望甚至冲动，经过努力才会走向成功。

生活不能没有你

> 一个人几乎可以在任何他怀有无限热忱的事情上成功。

我曾经看过一本书叫《生活不能没有你》。这本书主要是讲述了一位大学生从外地来中关村发展,由于刚大学毕业,开始的时候,为了谋生他找到了一份糟糕的工作,他对自己的一切都很不满,对工作和生活毫无激情可言。

每天,这位大学生都抱着无所谓的态度去上班,表情木讷,精神颓废,工作时总是心不在焉,总是找各种借口对上司交代的工作应付了事。看到他,老板的心情从来就没有好过,同事们也开始对他疏远起来。

一个月后,这位大学生感叹工作的压力越来越重,生活越

第六章 自信，让你走得更快

来越没有意思，他觉得自己快要崩溃了。于是，他开始不断地抱怨和感叹："我简直就是行尸走肉，早知大学毕业是这样，我还不如在家种田呢。"后来，在重重的压力和打击之下，这位大学生病倒了，同时也被公司开除了。在这样的情况下，这位大学生认为自己已经走到了尽头，对人生不再抱有任何幻想。

不料有一天，他却在一个饭店里认识了一位来这里就餐的企业家。企业家说他可以帮助他摆脱目前毫无意义的生活，但要这位大学生答应他一个条件——那就是不需要任何报酬，到他公司上班，这位大学生同意了。

从那以后，这位大学生的生活发生了一连串不可思议的变化。在工作中，这位大学生认识了企业家的女儿，他开始对生活充满激情，对任何工作都充满热情。在崭新的人生面前，这位大学生不禁感慨万千，他认为上帝对他太好了，他开始努力工作，不断地以一种崭新的姿态迎接每一天。他开始认识到热情是一种意识状态，热情能鼓舞和激励自己采取积极的行动，让整个身体充满活力，使学习与生活不再显得辛苦、单调。他感到热情还能感染每一个跟自己有接触的人与自己一道共同奋斗，创造美好未来。

　　这位大学生越想越激动，他对企业家的女儿说："生活真的是不可思议，生活太精彩了，我从来没有感受到像这样活着真好。现在我终于明白了——人生是一棵树，一棵树成不了森林，一个人成不了人群，孤独的你、孤独的我、孤独的他牵起孤独的手，我们不再孤独。绿荫相护共顶烈日，秀枝相接同承风霜。给你给我给他一片森林，给人生一道迷人的风景，我们就会热情似火地创造人生的价值。"

　　但企业家的女儿却对这位大学生说："我父亲说，全世界的人几乎都在沉睡，你认识的、看到的或是正在交谈的人，其实他们的人生都是在梦中度过的。他说，只有寥寥无几的人是真正清醒的，他们总是在用充满惊奇的眼光看待世界，他们总是在用火一般的热情对待工作、对待人生。"

　　这本书在当时出来之后，几乎没有人买，并受到了很多人的挖苦。然而过了没多久，这本书却开始火爆起来。我想，也许是后来人们认识到了这段话的深意，他们开始变得热情洋溢起来，他们的生活开始变得热情似火，不断地去探索人生。

第六章 自信，让你走得更快

热情是一股力量，它能使我们产生火一般的力量，让我们从逆境中崛起，让我们将困难、失败和暂时的挫折转化为成功的动力。

在我自己的奋斗过程中，我经常对自己说，只要我拥有热情，就可以用更高的效率、更彻底的付出做好每一件事。我会觉得自己从事的工作是一项神圣的天职；我将以浓厚的兴趣，倾注自己所有的心血把它做到最好；只要我拥有热情，我就会敏感地捕捉生活中每一点幸福的火花，体验快乐生活的真谛；只要我拥有热情，我会以宽广的胸怀获得真诚的友谊，用我的爱心、我的关怀、我的胸襟创造和谐的人际关系；只要我拥有热情，我就会以更加积极的态度面对生活，以高昂的斗志迎接生活中的每一次挑战与考验，以不屈的奋斗向自己的目标冲刺，用热情之火将自己锻造成一座不倒的丰碑。

我为什么会有这样的激情呢？因为在我从事的工作中，我主要是负责市场。我们知道，做销售是自信、坚持、忍耐和挑战的浓缩。对于销售工作来说，只有我们在工作中凭借着自己的综合素质赢得了人生无数的胜利之后，才能对销售工作充满热情，才不会对自己的工作怀疑，才会热情似火地迎接生命中的每一天。

在我的生命中，我通常把自信、自尊和热情作为自己的伙伴。因为自信使我能够应付任何挑战，自尊使我表现得更出色，热情使我有了快乐的生活。

在我的心中，热情是世界上最大的财富，它的潜在价值远远超过金钱与权势。热情摧毁偏见与敌意，摒弃懒惰，扫除障碍。我同时还认识到，热情是行动的信仰，有了这种信仰，人们就会产生激情，无论做任何事都会战无不胜，攻无不克。

爱默生曾经说过："有史以来，没有一件伟大的事业不是因为热情而成功的。"

著名的畅销书作家李其云在从事写作之前曾经是一位推销员，可无论是从事写作还是做一位推销员，他的内心都是充满热情的，只要与他生活在一起，你就会被他的热情所感染。看看他的经历，你会更好地理解热情对于个人的重要性。李其云在《智慧至上》一书里曾这样写道：

1997年，我刚出版《中关村风云》一书后不久，遇到有生以来最大的打击，因为此书一出版之后，我失业了，不是我找不到工作，而是随着此书的出版，我成了一个在信息产业界的名人，联想聘请我，映得电子聘请我，伟图公司聘请我，科利华聘请我，我失去了人生的航向。我真的不知道自己适合做什么，我整天精神萎靡不振。还是我的朋友赵强对我说："李其云，鼓足勇气去干吧，只要你充满热情，这些单位的工作你都能胜任，如果你提不起精神来，你将永远不会有出路。"

我听取了赵强的建议，结果我接受了这几家公司的聘请，并做得非常出色。这种热情带来的结果，为我后来的生活开辟了新的道路。而且更重要的是，我身边的朋友们受我热情的感染，他们也做得非常成功，他们用内心深处的热情火苗点燃了生命之火，他们变得热情洋溢，对生活充满希望。

所以，一个人只有热爱生活、热爱生命，才能为自己的事业倾注足够的热情，才能在自己的领域中作出杰出的成就。正是由于对生活、对生命的热情，我们才会肯定生命，即使在人生最惨淡的时候，也要让生命充满活力。凡是有生命的物体都在伸张自己的生命意志，哲学家尼采、柏格森等认为，生命的本质就是激昂向上、充满创造冲动的意志。因此，拥有生命的我们，一定要使生命充满活力和热情，要使工作充满热忱和欢快。

我们的生命是高贵的，只是我们因浪费太多而日趋麻木；我们的生活是美丽的，只是我们因缺少发现而对身边的美熟视无睹。只要我们用发现的眼光、用积极的心态对待生活、对待生命，我们就能够从中汲取营养，迸发激情，全身心地投入到实现目标的奋斗之中，并最终实现人生目标，实现自我价值。

　　管理大师德鲁克认为，要调动职工们的积极性，重要的是使职工发现自己所从事的工作的乐趣和价值，能从工作的完成中享受到一种满足感。作为管理者要尊重并保护职工的积极性、主动性，这样职工个人的目标和欲望就实现了，工作和人性两方面得到了统一，就会在团队和组织的发展中实现自己的目标，共同走向成功。